尽 善 尽   弗 求 弗 迪

美迪润禾书系

초등 자기조절능력의 힘

儿童自控力

［韩］申东媛（신동원）◎著

章科佳◎译

电子工业出版社
Publishing House of Electronics Industry
北京·BEIJING

行为的自控力,并非一日之功,在这个过程中,孩子需要进行无数次训练,而父母也需要给予耐心的指导。

新冠疫情下自控力的重要性凸显

与成年人相比,孩子自然很不成熟,且忍耐力和专注力较差,容易被外界事物诱惑,而当今的社会环境要求孩子具有比上一代人更强的自控力。在过去,家中人口众多,孩子们一起起床吃饭,自己爱吃的菜肴无法独享;在学校,老师为了管理好一个班50多名学生,对学生非常严格,因此,孩子们在上课时都会表现得很认真,无论是否真的在认真听讲。

然而,最近孩子必须端坐在电子设备的面前上网课。线上授课与线下授课相比,对孩子的注意力和理解力的要求更高,况且他面临更多的诱惑——只要简单操作就能轻易进入另一个更有趣的游戏世界。此外,新冠疫情的反复致使线上和线下教学交替进行,打破了原本有规律的生活节奏。本以为孩子在认真上网课,而实际上他却沉迷于游戏;早晨叫醒孩子,孩子坐在桌子前上网课,不久便昏昏欲睡。面对这样的孩子,父母感到既郁闷又迷茫。

"我家孩子在学校里也这样吗?"

"他以后一直这样该怎么办？"

"只要疫情结束，一切都会回归正常吧。"

然而，当疫情结束后，孩子重新回到学校，真的就能回到从前了吗？遗憾的是，答案是否定的。早在疫情开始之前，在线教育就已经初露锋芒，因为它有着众多无可比拟的优势。

在线教育的优势主要体现在它能够打破时间和空间的局限，增加大众的受教育机会。第一，学生在家中就可以学习诺贝尔奖得主、常春藤盟校教授的课程，无须交纳高昂的留学费用；第二，无论学生在非洲还是在喜马拉雅山上，只要电子设备能联网就可以随时随地上网课；第三，录播课可以大幅度缩减教育支出，现在的技术也非常先进，网课画面不易出现卡顿，为学生带来了良好的体验；第四，在授课的过程中，师生能实现实时在线交流。

另外，在线教育的受众由学生扩大到成人。曾经制造燃油汽车的工程师，现在逐渐转型为制造电动汽车的工程师，这意味着新的专业知识的产生速度不断加快，而人们的学习需求也随之增长。

在网络世界中"泡"大的孩子

网络所带来的不仅仅是教育的革新。最近,孩子们还会通过网络游戏或 SNS(社交网络服务)结交朋友。或许他们在网络中更容易展现自己更真实的一面,但是,只通过网络建立并发展亲密关系并不合适。在游戏中很快就能结识朋友,但朋友很快也会消失。网线另一端到底是一个孩子还是成人,孩子没有能力去判断。因此,这可能十分危险。

网络交往越频繁,在现实中,孩子和他们在学校或补习班结交的朋友间是否能够建立良好的人际关系就越重要。如果孩子因为在现实生活中难以与别人相处,而一门心思钟情于线上交往,那么他们就会失去培养自身社会性的机会。

大多数孩子是不成熟的。他们无法控制自己的情绪,经常会因为一点小事生气,和朋友争吵;他们无法控制括约肌而会尿裤子;他们无法控制注意力而会在学习时三心二意。因此,在孩子犯错的时候,父母要培养孩子的自信心,鼓励他们尝试调节自己的情绪、思想和行为;在他们不知道什么是正确的行为的时候,父母要成为他们的榜样。

小学低年级孩子也应该培养自控力

在小学低年级阶段，一些专业的课程教学尚未开始，孩子周边的同龄人也都不成熟。相较于让他们死记硬背拼音和九九乘法表，培养他们的自控力更为重要。正如我在前面提到的，自控力并不是忍耐的能力。而是一种为了实现目标，根据具体状况进行自我调整的能力。这里的"调整"有的时候是忍耐，有的时候是清除障碍，还有的时候是积极应对、冲破阻力。

比如，孩子在使用电子设备写作业时，即便屏幕上弹出了有趣的游戏广告，也依然决定写完作业以后再玩游戏；虽然现在就很想出去玩，但还是觉得写完数学作业再玩更安心，于是决定还是坐在书桌前；在好朋友说错话时，尽管知道指出对方的错误可能会导致关系变僵，但依然决定告诉朋友不要这样说话。这些都属于自控力。

如果自控力弱，孩子不仅难以独立学习，也无从知道自己想要什么，自己的人生目标又是什么。因此，孩子要想成为人生的掌控者，就必须具备自控力。这种生活中必需的能力，孩子在小学低年级阶段就完全能够习得。

然而在近 30 年的诊疗生涯中，我遇到的大部分父母出于为孩子着想、担心孩子、爱孩子而替孩子未雨绸缪，这样做实际上剥夺了孩子自我挑战、自我成长的机会。另外，也有相当一部分父母以培养孩子的自主性为由，放任孩子为所欲为，直到问题变得不可收拾才想到过来求助。

如果父母事先了解自控力的重要性，现在遇到的很多问题实际上都是可以避免的。每每想到这里，我就备感惋惜，而这也成为我撰写本书的初衷。本书总结了自控力的重要性以及培养方法，特别是对父母如何在小学低年级阶段培养孩子的自控力做出了详细的阐述。虽然孩子会在错误中成长，但我不希望父母越俎代庖。希望本书能够帮助父母更好地培养孩子的自控力，陪伴他们一同克服成长过程中的困难，不断迎接新的挑战。

申东媛

江北三星医院青少年精神健康科专家

目 录

第 1 部分

能够独立学习的孩子越来越少

第 1 章　孩子自控力问题日益显现

01　孩子无法专心上网课　　　　　　　　3
02　成功的条件　　　　　　　　　　　　10
03　自控力是什么　　　　　　　　　　　17
　　什么都不想做的孩子　　　　　　　　25

第 2 章　培养孩子自控力的方法

04　自控力的培养需要父母正确的教育　　29
05　用奖励培养自控力　　　　　　　　　43
06　信任是根本　　　　　　　　　　　　52
　　游戏的作用　　　　　　　　　　　　58

第 3 章　自控力的发展阶段

07　准备阶段——建立稳定的亲密关系　　61
08　第一阶段——用语言表达情绪　　　　66

09　第二阶段——区分该做与不该做的事情　　70
10　第三阶段——拥有自尊心、道德心和忍耐力　75

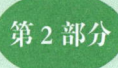

培养自控力的训练

第 4 章　培养自控力的第一阶段：
　　　　情绪的表达与调节训练

01　当孩子失眠时　　83
02　当孩子非常倔强时　　87
03　当孩子执着于依恋的物品时　　92
04　当孩子易怒时　　96
05　当孩子试图摆弄危险物品时　　101
06　当孩子表现出暴力倾向时　　104
07　当孩子大小便失控时　　108
　　父母要培养自身的自控力　　111

第 5 章　培养自控力的第二阶段：
　　　　区分该做与不该做的事情

08　当孩子消极评价自己时　　119
09　当孩子不分场合乱说话时　　122

10	当孩子说谎时	126
11	当孩子只吃零食时	129
12	当孩子不能独自玩耍时	133
13	当孩子欺负弟弟时	137
14	当孩子无法表达自己的需求，总是发牢骚时	141
15	当孩子吃饭随意走动时	144
16	当孩子无法耐心坐在书桌前时	148
17	当孩子害羞时	151
18	当孩子害怕时	155
19	当孩子总和朋友打架时	159
	正确使用暂停法	163

第6章 培养自控力的第三阶段：忍耐力、社交能力、道德心及其调节训练

20	当孩子不能集中精力学习时	173
21	当孩子无法独立学习时	176
22	当孩子不想上学时	179
23	当孩子学习分心时	184
24	当孩子想换同桌时	188
25	当孩子不吃饭，只想吃炸鸡时	192
26	当孩子要求买昂贵的东西时	196

27	当孩子偷别人东西时	201
28	当孩子容易被人摆布时	205
29	当孩子说脏话时	208
30	当孩子沉迷于游戏时	211
31	当孩子故意说谎时	216
32	当孩子受到霸凌时	220
	自控力的培养方法	225

第 1 部分

能够独立学习的孩子越来越少

第 1 章

孩子自控力问题日益显现

01 孩子无法专心上网课

"没想到我家孩子对学习这么不上心。"

"看孩子上网课时的样子,我都快郁闷死了。"

"我家孩子作息不规律,昼夜颠倒,现在连见他一面都难。"

新冠疫情使人们的日常生活发生了许多变化,其中之一就是孩子上课的方式。过去,他们必须去学校上课;而现在,他们只需用计算机或平板电脑就可以在家上网课。这种在家里学习的日子日渐增多,不知不觉已经持续了一年多。由于长时间上网课,孩子使用电子设备的时间越来越多,随之而来的许多问题令父母头疼不已。

上网课过程中出现的问题

孩子上网课的状态千奇百怪：有的会一边放着网课，一边用手机聊天；有的会假装在写作业，但实际上在打游戏；有的还会沉迷于 YouTube 的视频，无法自拔。不同于枯燥的学业，周围总有各种各样的趣事吸引着他们的注意力，再加上电子设备触手可及，他们更加难以抵御诱惑。

即便父母教训几句，也只是一时奏效，过不了多久他们又会故态复萌。然而，父母既无法一刻不离地监视孩子，又无法对孩子放任自流，他们左右为难，最终陷入育儿的窘境。

其实，孩子如果只是不专心学习还好，但如果他们沉溺于电子设备，甚至到了废寝忘食的地步，那么，他们会因为睡眠不足而没有精力学习，上网课时也只是简单签到后，便昏昏睡去。这个过程会循环往复，孩子的生物钟也会被完全打乱，每天昼夜颠倒，过得浑浑噩噩。

另外，由于无法外出，且没有体育课，孩子的运动量大幅度减少，会引发一系列的健康问题。一方面，有的孩子因为运动量不足而发胖，患上小儿肥胖症；另一方面，有的孩子因为缺乏必要的户外活动而食欲不振，出现营养不良的症状。

沉迷于电子设备而无心学习的孩子、昼夜颠倒而无法正常上网课的孩子、一直待在房间里而出现健康问题的孩子，让父母既担忧又生气。这些问题让父母手足无措——是否真的可以放任不管？管的话又需要管到何种程度？他们冥思苦想，却无法得出答案，于是，父母只能盼望着疫情早日结束，孩子能够重回学校学习。

然而疫情结束后，父母与孩子的"战争"就会停止吗？很遗憾，答案大概是否定的。这又是为什么呢？

网课是大势所趋

在上网课的方式因为疫情而流行之前，网络授课的方式就已经出现了。线上公开课程——慕课是一种大型开放式的网络课程，它能够向无法接受高等教育的人群提供多样的大学课程。与过去必须到学校上课的方式相比，慕课突破了地域和时间的限制，性价比更高。

不仅如此，在这个知识大爆炸的时代，社会日新月异，我们根本无法保证20岁在大学里学到的知识，能够满足10年、20年以后社会的需求。因此，我们要不断学习新知识，提升自己的专业水平，以适应科技和社会的发展。然而，重返校园的成本太高，慕课则不失为一种学习新知识的有效方式。

因慕课能为人们提供公平接受教育和终身学习的机会而广受好评。进入21世纪，哈佛大学、麻省理工学院、斯坦福大学等世界知名大学相继推出慕课。2012年，《纽约时报》还刊登了一篇名为《年度在线公开课》的报道，文中对慕课为大众提供常春藤盟校知名学者的课程大加赞赏，并称其为"教育界最伟大的革新"。

现在，还出现了一种没有校园，仅通过在线的方式进行授课的网络大学。2010年成立于旧金山的密涅瓦大学（Minerva Schools at KGI）就是其中的佼佼者。它没有线下的实体校园，来自世界各地的学生都在线上上课。该校聚集了全世界许多青年才俊，其入学门槛据说比哈佛大学还要高。

这种变化趋势不仅仅局限于大学，美国的一些名牌高中也逐步扩大了线上办学规模。其中，位列在线高中排行榜榜首的斯坦福大学附属在线高中（Stanford Online High School）网罗了一大批优质生源，学生的SAT（学术能力评估考试）平均成绩超过1500分。

然而，随着新冠疫情的暴发，全世界人民都投入抗击新冠病毒的斗争中，学校的很多工作都被迫转到线上进行。除了上课方式，学生的开学典礼一再被推迟，最终迫不得已只能在线上举办。原以为会徐徐到来的在线教育时代，却因为突如其来的疫情加快了进程。最初，网课对于老师和学生来说十分陌生，视频画面也动辄中断、卡顿，然而随着疫情的常态化和科技的进步，师生早已对上网课轻车熟路，网课视频也变得更加清晰流畅了。

在线教育不仅能够节约成本和时间，还具有方便快捷、可操作性强等优点，即便疫情趋于稳定，在线教育仍占有一席之地。因此，我们必须充分利用在线技术。

线上时代必需的能力

凡事都有两面性，在线教育也不例外，尽管其优势众多，但仍有许多问题亟待解决。一方面，在线教育突破了时空和物质条件的限制，为人们提供了公平接受教育的机会，因此截至 2010 年年初，以慕课为代表的在线教育平台受到了广泛关注，人们都期待它能够成为替代传统教学方式的绝佳方案；另一方面，剑桥大学凯蒂·乔丹（Katy Jordan）发表的线上教学成果研究报告显示，慕课中平均每一课程的申请人数约 4300 人，但只有 6.5% 的学生能够完成这一课程的所有学习内容，且课程时长越长，这一比例就越小。

杰夫里·塞林格（Jeffrey Selingo）对完成课程的人进行了研究分析，结果显示，这些人中大部分已经取得了相关领域的学士学位，这表明能够保持自律、坚持学习的人，才是慕课真正的受益人，这些人大多数是专业的人才。由此可见，为了充分享受在线教育提供的便利，学生需要有自主学习的能力和持之以恒的精神，即使老师不提问、不考核出勤率，也能够控制自己专注于课程。

读到这里，各位父母可能会有疑问："我家孩子还小，难道现在就要接触大学课程吗？"其实慕课只是一个例子。如今，在线教育正在普及；未来，孩子将会在高度发达的数字化环境中学习。因此，从现在开始，在日常上网课的过程中，孩子应该学会自主学习。

孩子不仅在线上学习时会出现问题，在进行网络社交时也存在诸多问题。现在的孩子普遍在网络上玩游戏、交朋友。在现实中，与朋友相处时，难免会产生摩擦，这时两人能够根据对方的表情和语气及时调节自己的情绪，甚至通过打一架来解决矛盾。但是，在网络世界中，孩子只能利用SNS的文本互相攻击。虽说"君子动口不动手"，但如果太过分也会伤及友情，甚至会给对方带来伤害。因此，校园暴力防治委员会十分重视学生的网络暴力现象，一经发现，将给予严惩。此外，有的孩子还会在网络上传播淫秽视频，这也是父母需要严加关注的问题。为了避免上述问题的出现，父母需要培养孩子自主控制暴力倾向和性好奇的能力，使他们明白网络并非法外之地，坚决不能做违法之事。

总而言之，随着数字化进程的加快，如今的孩子必须具备自控力。

02 成功的条件

"你希望孩子将来成为什么样的人?"

我在写这本书之前,曾经以父母为对象进行过上述问题的在线问卷调查。尽管在诊疗时也经常会问到这个问题,但我觉得在线的回答会和面对面不同,同时也想听到更多人的回答。

然而,在线问卷的答案与面对面的并没有什么不同,无论是在诊疗室还是在网络中,父母都希望孩子成为:

健康、快乐、阳光、善良、自信、坚韧、睿智、独立的人;有礼貌、有主见、责任心强、自尊心强、敢于直面挫折的人。

当今时代,有些人奉行"金钱至上",我原以为会出现"希望孩子赚很多钱"之类的回答；同时，许多父母因为孩子的学业而苦恼，我也想当然地认为会出现与学习有关的回答。然而，许多父母认为，物质和学业并不是孩子的终极人生目标，只是实现这些目标的辅助手段。因此，父母才会做出如上的回答，希望孩子能做自己想做的事情，自主掌控自己的人生。

成功的定义

成功是一个非常主观的概念，因此我们很难定义何为成功。然而根据调查问卷的结果，我发现父母眼中的成功，就是能够自主选择人生并勇敢追求幸福。

父母如果想让孩子成为这样的人，就必须从小加以培养，使他们逐渐具备如下的成功必备条件。

自我管理能力

自我管理能力是幸福人生的必要条件，包括时间管理、待办事项管理、财产管理等独立生活所需的管理能力。另外，健康管理能力也属于自我管理能力，如果孩子无法保持身体健康，那么即便具备再多的能力，也无济于事。

预测能力

管理现在的能力与预测未来的能力需要同时发展培养。预测未来，就要提前思考和预测自己的言行举止会产生什么影响。为了产生积极影响，孩子需要严格管理自己当下的行为，以便在未来实现目标。

情绪控制能力

喜怒无常的人难以被群体接纳，萎靡不振或焦虑不安的人难以集中精力。生活中难免有挫折，为了不给自己和他人带来伤害，孩子需要管理自己的情绪，以积极稳定的心态面对人生的起伏。

学习能力

孩子的学习水平并不是一成不变的，小学的优等生到了高中不一定还是优等生，小学的差生到了高中同样不一定还是差生。上小学时，要想孩子取得优异的成绩，父母只要多加教导或者送孩子去辅导班即可，尤其以上辅导班的成效最为显著，因为辅导班老师往往讲课浅显易懂，在考试前还会帮学生们整理出重点，简直就像把饭喂到了嘴边。然而到了初中，课业量骤增，这种方式就难以保证有好成绩。

由此可见，学习能力比成绩更重要，因此，父母应该重点关注孩子的学习能力，培养他们发现问题和解决问题的能力、计划和执行学习任务的能力以及持续的专注力。

定力

定力，即忍耐瞬间冲动的能力（忍耐力），与专注或集中注意力稍有不同。例如，即使现在想立刻跑出去玩，孩子也会坐在座位上坚持到下课；即使眼馋朋友的新手机，孩子也不会偷抢。这些就是具备定力的体现。

社交能力

在小学 3 年级之前，父母可以帮助孩子建立人际关系，但这之后，孩子必须具备独立结交朋友、维持友好关系的社交能力。如果孩子没有朋友，那么他们将无法在社会上立足，更难以追求成功与幸福。

自尊心

孩子如果想要独立自主地生活，不想任人摆布，就必须有自尊心。自尊心，并不是来自与他人比较所获得的优越感，这种通过攀比而得来的自尊心无法长久保持，因为一旦孩子失败，这种自尊心便会瞬间瓦解，孩子也会因此一蹶不振。真正的自尊心来源于对自我的肯定，孩子应该夸赞自己比昨天更好，即使失败也要安慰自己，鼓励自己从头再来。有了这样的自尊心，孩子才能在危机来临时迎难而上，取得最终的胜利。

自控力是成功的关键

上面列举的成功条件中有一个共同点，即具备自控力。认知心理学家阿尔伯特·班杜拉（Albert Bandura）指出，自控力是指为实现目标而控制自己的思想、情绪和行为的能力。

自控力：为实现目标而控制自己的思想、情绪和行为的能力。

自控力惊人的影响力

自控力需要从小培养，并非成年后一朝就能习得。杜克大学的特瑞·E.墨菲特（Terrie E. Moffitt）和艾夫沙洛姆·卡斯皮（Avshalom Caspi）曾进行过一项针对1000名孩子的跟踪研究，他们收集了孩子们从出生到32岁的资料，并分析了孩子们3岁时自控力的强弱与31岁时健康状况、财务状况和犯罪率的关系，此外，还与其兄弟姐妹进行了比较。

研究结果十分惊人：3岁时自控力较强的孩子在31岁时更加健康，经济条件更好，犯罪率也更低；和成长条件相似的兄弟姐妹比较时，也得出了相似的结论。正所谓"三岁看大，七岁看老"，孩子在幼时养成的行为习惯，将会影响他们的一生。

大卫·A.罗宾逊（Davina A. Robinson）等研究人员也分析、对比了150项研究结果，以了解孩子在4岁前具备的自控力对日后的影响。分析结果显示：4岁以前自控力较强的孩子，在8岁以后表现出较强的社交能力、学习能力以及较高的校园活动参与度；而自控力较弱的孩子则具有焦虑、忧郁、校园暴力等不良倾向。

不仅如此，小学低年级时期自控力较强的孩子，在13岁左右时会表现出较强的算术与阅读能力；而自控力较弱的孩子，则更容易产生肥胖、抑郁和暴力倾向，沾染吸烟、吸毒等不良习惯。此外，低年级自控力弱的孩子，在青壮年时期更易抑郁、焦虑、有暴力倾向、肥胖、吸烟、酗酒、滥用药物和失业。由此可见，幼年时期的自控力在成人后依旧会产生重大影响。

众多研究均表明，自控力是成功的关键。孩子自控力的强弱能够影响其未来的成就、人际关系、精神状况以及生活的幸福指数。因此，父母应该从小重视孩子自控力的培养。

那么，自控力由什么组成？又是如何影响孩子未来的呢？这些问题将在下面详细说明。

03 自控力是什么

自控力的构成

自控力是什么？自控力中最重要的因素是什么？学者们对于这两个问题有不同的看法。在认知心理学领域，执行能力被认为是重要的因素；在发展心理学领域，自控力则被认为是重要的因素；而在教育心理学领域，注意力才被认为是重要的因素。

因此，与其将自控力单纯定义为一种能力，不如将其看作多种能力的有机结合，即各种能力的总和。那么，自控力包含哪些能力呢？

自控力	示 例
情绪调节能力	克服挫败感
	转换心情
	共情
认知调节能力	专注
	目标坚定
	有计划
	预测
	时间管理
	元认知
	工作记忆力
行为调节能力	反应抑制
	执行
	控制攻击性行为
	运动能力调节（对括约肌、大肌肉、小肌肉的调节）

自控力主要包含以下 3 种能力。

第一种是情绪调节能力。人生不如意事常八九，不论谁遇到都会产生愤怒、焦虑、烦躁的情绪。

如果情绪调节能力较弱，孩子就难以控制这些不良情绪，在学业、人际交往等方面受阻；而情绪调节能力强的孩子即便心情不好，也能够控制自己的情绪，怒而能忍，懂得控制和排解心中的怒火。情绪调节能力强的孩子，在协同合作、关怀他人、遵守秩序方面会做得较出色。

第二种是认知调节能力。上网课期间，注意力集中的孩子和不集中的孩子在认知调节能力上有着明显的差异。认知调节能力较强的孩子能够调动注意力、工作记忆力与定力，抵御外界的诱惑，专注于学习。

工作记忆力是认知调节能力的一种，指记住某件事的能力。举例来讲，我们因为口渴而打开冰箱找水喝，却被美味的蛋糕吸引，大快朵颐以后，我们又会发觉自己口渴，这时，我们才会想起刚才自己想要喝水。如果工作记忆力较弱，这种健忘的症状就会反复出现。

工作记忆力强的孩子不会三心二意，他们会始终记得自己该做什么，解题的目标是什么。因此，工作记忆力对数学学习十分重要，因为解题过程越复杂，孩子就越有可能忘记最初的解题目标而计算出错误的答案。

第三种是行为调节能力。这是指能够自主调节行为的能力。新生儿大小便失禁，是因为对括约肌的控制能力还不够；蹒跚学步的婴儿容易摔倒，是因为对运动的调节能力还不够；孩子下定决心，却不能付诸实践，是因为缺乏执行力。

自控力不等于定力

　　自控力是成功的关键。很多人会将自控力与定力混为一谈，然而，自控力并不是无条件地忍耐，而是为了实现目标而自主调节自身思想、情绪和行为的能力。

　　人生目标因人而异，并且同一个人在不同时期的目标也不相同。对于孩子来说，父母的关注或赞扬可能会成为他们的目标；再大一点，朋友的认可可能会成为他们的目标；长大成人后，特定的职业、公司和良好的人际关系则会成为他们的目标。无论目标是什么，为了实现目标，根据情况而恰当地调节自我的能力，就是自控力。

　　自控力强的孩子能够正确思考、判断和实践，能够根据情况做出选择，不会轻易被欲望左右。即使雪糕就在眼前，但为了不拉肚子，他们也会忍住不多吃；即使对新游戏充满好奇，他们也会下定决心待考试结束后再玩。

　　自控力在社会生活中也必不可少。自控力强的孩子能够与他人和谐相处，并且能够保护自己不受伤害；即使朋友犯了错误，也不会随便生气，能够耐心指出；当发生与自己的主张背道而驰的事情时，也不会一味忍耐，能够适当地表明自己的立场。这样的孩子在社会交往的过程中会十分受欢迎。

不仅如此，自控力强的孩子还有较强的执行力，能够按照自己的判断与计划行事。因此，如果具备了较强的自控力，孩子就能够更加顺利地实现人生目标，取得成功。

自控力与学习能力

在孩子小升初之际，父母常常会忧虑孩子是否能适应新学校，是否能好好学习，应该如何进行小初衔接。

相关研究对此做出了回答。研究结果表明，==自控力强的孩子在入学后适应能力更强，并且学习成绩更好。==自控力中影响学习的能力有 3 种：注意力、工作记忆力、冲动抑制力。

注意力是指专注于某事的能力。孩子的注意力越集中，就越能抵御外界的诱惑，专注于待解题目，这是解决问题最基本的自控力。

工作记忆力是指通过记忆并遵循指示来确定解决方法的能力。孩子的工作记忆力越强，就越能记住"上课禁止闲聊"和"禁止在教室随意跑动"等班规，从而能够更好地适应学校生活。

冲动抑制力是指阻止冲动行为的能力。孩子的冲动抑制力越强，就越能够控制在教室里乱跑或者和同学交头接耳的冲动。

国外曾有一个名为HTKS（Head Toes Knees Shoulders Task，头、脚、膝盖和肩膀活动）的方法，它能够简单衡量孩子注意力、工作记忆力和冲动抑制力的强弱。孩子首先需要按照检测者的指令，依次用手指指出头、脚、膝盖和肩膀；然后用脚趾代替手指，再依次指出头、脚、膝盖和肩膀。检测者根据他们指出位置的正确与否来衡量其能力的强弱。注意力集中、工作记忆力强、冲动抑制力强的孩子能够很好地完成这项测试。

俄勒冈州立大学的梅根·麦克利兰（Megan McClelland）利用该方法测量并研究了学龄前儿童自控力的强弱。研究结果显示，自控力强的孩子，入学后阅读、写作和算术能力更强，且词汇量丰富。宾夕法尼亚州立大学的布莱尔（Blair）和拉扎（Razza）也指出，3～5岁儿童的自控力与其数学和阅读成绩高度相关。

与智力高的孩子相比，自控力强的孩子学习成绩更好。即使家庭环境恶劣，只要具备自控力，孩子也能够好好学习。因此，如果希望孩子能够很好地适应学校生活并且取得不错的成绩，父母应该及时培养他们的自控力。

自控力与健康

新冠疫情导致孩子居家上网课的日子越来越多,他们整日待在家中,生活节奏被打乱,引发了一系列健康问题。

在学校上课,孩子要在规定的时间起床上学;但是,在家里上网课,孩子只要在网上签完到就可以继续睡觉。然而,白天睡多了,晚上就会失眠,第二天就无法按照正常时间起床,只能敷衍地签完到再继续昏睡。

再加上上网课需要使用手机或电脑,孩子能够更加自由地接触电子设备,他们中的一些人难免沉迷于游戏、视频,作息日夜颠倒。

这种恶性循环已经持续了一年多,孩子的生物钟被完全打乱了,因此,有很多孩子因为睡眠障碍而来就诊。

孩子睡眠模式出现异常不仅仅是由新冠疫情引起的。在疫情开始之前,也有很多孩子在放假时习惯晚睡晚起,等到开学以后,又因为无法立刻调整生物钟而无法早睡早起,生活和学习都一塌糊涂。每年的3月初和9月初,诊疗室中有许多这种因为睡眠模式不好而睡眠不足的孩子。

由于有这种晚睡晚起的睡眠模式,在开学时适应作息方面,青少年的问题比小学生更多。因为进入青春期,孩子极易产生叛逆心理。让他们早些睡觉,他们会说玩一会儿再睡；早上叫他们起床，他们就会发脾气，抱怨父母多管闲事。从生物学角度看，在青少年阶段，孩子入睡时间普遍变晚，并且父母很难强迫他们按时睡觉。

另外，自控力弱、情绪起伏大的孩子，在饮食方面也容易出现问题，比如不按时吃饭，或者暴饮暴食，最终导致厌食或肥胖等健康问题。

按时吃饭、睡觉是身体健康的基本条件，而控制自己按时吃饭睡觉的能力，就是基本的自控力。自控力强的孩子成年后会更加健康，因此，父母应该从小帮助孩子养成良好习惯，培养他们的自控力；否则，到青少年时期纠正起来就更困难了。

什么都不想做的孩子

"我家孩子整天待在家里,不干一点正事,既不去上辅导班,也不出去锻炼。问他想做什么,他又嫌我烦。整天就知道躺在床上看手机,手机有什么好看的……我都快被他气死了。"

诊疗室中最常见的就是这种什么都不想做的孩子,以及因此而闹心的父母。

孩子为何什么都不想做呢?难道真如父母所想的那样,因为游戏、YouTube 和 SNS 太有趣,所以整天沉迷于手机吗?

害怕失败的孩子

当然,孩子也会因为有趣而沉迷于手机,但是,大部分孩子因为害怕所以只敢看手机。那么,他们害怕什么呢?他们害怕尝试新的事物。换句话说,他们其实是害怕失败。当他们开始做一件事情却没有结果时,他们就会认为自己失败了,这时他们会感到羞愧。

孩子开始拼乐高，却没有拼完；开始读书，却没有读完；报名上辅导班，却中途放弃；学习游泳，却比别人学得慢；长大后开始做兼职，没做几天却放弃了……他们会认为这就是失败。这些没有结尾的经历逐渐累积，当他们回想起来时，他们会认为自己始终是失败者，于是，他们索性就不做任何事情了。

但是，中途停止并不等于失败，曾经做过的人和从未做过的人是完全不同的。反复拼乐高、读过几页书、在游泳池里练习呼吸、参加兼职面试，这不代表没有成就，即使只经历过一次，也比从未尝试过更好。这就像只在照片里看过炸酱面的人和吃过一口的人，他们对炸酱面的体验没有任何可比性。如果你好奇炸酱面的味道，哪怕只吃一口也要尝一尝，即使最后没吃完一碗，也已经知道炸酱面的味道了。孩子需要的正是这种尝试的勇气，即使中途选择放弃，这种体验也会成为孩子的宝贵财富。

结果不是必然存在的

当今社会日新月异，事物更新换代的速度越来越快，旧事物不知不觉便会被淘汰。以汽车为例，沃尔沃计划在 2025 年之前将电动汽车的生产比例扩大到 50%，2030 年将达到100%，燃油汽车将会被完全淘汰。这意味着制造燃油发动机的工程师必须掌握新的技术，以顺应时代的变迁。当今社会需要我们快速做出判断，而不是一条路走到黑。在这样的时代里，我们要把握世界的发展潮流，及时做出新的选择。

此外，我们不能盲目跟风，即使大家都争先恐后，我们也要勇敢放弃不适合自己的路。我常常会遇到一些学生，他们因为外界评价而选择医学专业，在发现不适合自己以后，果断选择转专业；还有的学生克服了就业难，成功入职大企业，后来因为不适合自己而果断选择创业，生活得更加幸福美满。因此，我们要有判断的能力和果断放弃的勇气，不断寻找更适合自己的道路。

作为父母，不要因为孩子半途而废而过于忧虑，更不要责怪他们，因为在这个阶段，他们还不了解自己，只有亲自尝试过，他们才会明白自己热爱、擅长的是什么。对于孩子来说，比起将一件事情做完，勇于尝试的决心更重要。如果他们开始尝试，并取得了成就，父母应该为他们高兴。但是，如果他们中途选择放弃，也请告诉他们，这并不是失败，而是他们自己做出的决定。如果他们因为没有完成这件事而感到羞愧，请为他们加油打气，让他们明白勇敢尝试比不尝试更有意义。

第 2 章

培养孩子自控力的方法

04 自控力的培养需要父母正确的教育

"我家孩子缺乏社交能力,真让人担心。"

与父母所担心的不同,5岁的智友看不出来有任何问题,她和我沟通得很好,并且看起来聪明伶俐、开朗活泼,并不内向。我觉得父母对于她缺乏社交能力的忧虑,似乎有些过分。但是,在问了几个问题以后,我发现了她的奇怪之处:她总是觉得上幼儿园没有意思,认为小朋友们不想和她一起玩。

孩子的性格是多样的

认识孩子就如同拼拼图,如果将两块拼图拼在一起,我们会觉得像长颈鹿；如果用更多的拼图，会觉得像豹子；如果将所有拼图拼在一起，我们又会觉得像斑马。孩子同样如此，即使是同一个孩子，在不同时间、不同地点、不同人面前展现出的性格特点也是不同的。

即使是在同一地方，孩子做不同的事情、与不同人交往时，也会展现出不同的性格特点。因此，即使是在同一诊室，孩子在我面前的样子和在父母面前的样子也会有很大差别，所以我才会怀疑面前的智友是否真的是父母所描述的那个孩子。

我们不会仅仅依据诊疗室中孩子的样子来评判孩子，所以父母也应该多方面地了解孩子，观察他们在家中、在学校的样子。即使认为已经充分了解了自己的孩子，父母也会因为他们不断展现出的新样貌而感到惊讶，因为孩子的性格特点是多种多样的。

父母常常认为看到了孩子在自己面前的样子，就对孩子了如指掌了，但是，即使在家中开朗听话的孩子，在和同龄人交往时也会变得不一样。

智友虽然在家里十分正常，但在幼儿园却完全不同。因为家里只有智友一个孩子，所以父母时刻以智友为中心，衣食住行都给她最好的，这养成了她没有耐心、不知等待的习惯。在幼儿园里，她不想与其他小朋友分享玩具；在别的小朋友玩玩具时，她也总是忍不住要抢过来。所以幼儿园的孩子们大多不喜欢和她一起玩耍，这便导致了智友不愿意上幼儿园。

我建议智友的父母和智友一起制定一些小规则，并引导她遵守这些规则。比如，有零食时，要和周围的人分享；即使想再玩一会儿，也要按时吃饭睡觉；吃饭时，要主动帮家人备好碗筷等。父母需要通过这些日常的小事，培养她关心爱护他人的习惯。此外，我还建议智友的父母邀请与她同龄的朋友到家里做客，观察智友与同龄人交往的过程，如果智友有什么不足，要及时纠正她。正是在父母的不懈努力和智友的配合下，智友才渐渐学会抑制内心的冲动，懂得关心照顾他人。

孩子能够从儿时的失误中吸取教训，逐渐学习好的生活方式。即使是任性的孩子，也能通过教育学会忍耐与克制，不再任性地大喊大叫，不再因为嫉妒而弄坏别人的玩具，不再因为吃糖而不按时吃饭……由此可见，只有通过正确的教育，才能很好地培养孩子的自控力。

父母需要掌握孩子自控力的发展速度

孩子的自控力究竟有多强呢？其实，自控力体现在方方面面：孩子爬行、站立、行走、蹦跳，是对大肌肉的自我调节；用勺子吃饭、用彩笔涂色、用手折纸，是对小肌肉的自我调节；控制大小便，是对括约肌的自我调节；不乱说话，是对反应抑制能力的自我调节；即使生气也不摔摔打打，是对情绪的自我调节。

==这些多种多样的自控力并不是共同发展的，它们具有不同的发展速度。==因此，擅长跑步的孩子可能爱哭，表达能力强的孩子也可能爱尿床。

了解孩子自控力的过程也如同拼拼图一样。孩子在家里表现得很好，但在学校里和同龄人在一起时，可能就变得不知谦让、斤斤计较了。

如下表所示，孩子的自控力体现在许多方面，父母只有从不同方面了解孩子的自控力，才能掌握其发展速度，从而对孩子所缺乏的自控力加以培养。

自控力的种类	表现
大肌肉调节能力	身体平衡
	爬行
	站立
	走路
	跳跃
	爬楼梯
	骑自行车

续表

自控力的种类	表 现
小肌肉调节能力	使用勺子
	画圈
	剪裁
括约肌调节能力	大便自理
	小便自理
情绪调节能力	用语言调节情绪（自我安慰，停止哭泣）
	忍住哭泣
	用语言表达愤怒
反应抑制能力	不乱扔物品
	不随意攻击他人
	不嘲笑他人
	不骂他人
	不为难他人
社会调节能力	理解他人立场
道德调节能力	不说谎
	不偷窃
执行力	制订计划
	主动执行计划
	不拖延

续表

自控力的种类	表现
时间管理能力	明确区分过去、现在、将来
	按时完成任务
	不迟到
注意力调节能力	坚持学习
	坚持阅读

性格、教育与自控力

教育是孩子适应社会所必需的环节，但是，教育不能也不需要对所有孩子一视同仁，因为不同的孩子性格中需要发扬或者注意的地方是不同的。

人的性格是多变的。在熟人面前滔滔不绝，而在陌生人面前却沉默寡言，这样的人是外向还是内向呢？即便是大部分时间都外向的人，在特定的情况下也会突然变得内向。

同样，孩子的性格也无法一言以蔽之。要想深入而全面地了解孩子的性格，就必须关注孩子在不同环境中的行为。

亚历山大·托马斯（Alexander Thomas）和斯特拉·切斯（Stella Chess）通过研究孩子们的特征，将其性格特点分成了容易型、困难型和慢热型3类。但是，这只是归纳分类的结果，另外还有35%（约1/3）的孩子不属于其中任何一类。不仅如此，即使是容易型的孩子，也会在特定的情况下，例如与父母分离时表现出敏感的特征；同样，即使是困难型的孩子，只要一坐上车也能没心没肺地玩，一点也不亚于容易型的孩子。

每个孩子都是独一无二的，因此，父母不要简单地用容易型、困难型和慢热型来区分孩子，而应该仔细观察孩子在什么情况下有怎样的行为，以此来了解孩子的性格，这一点更加重要。

我在诊室里见到的孩子都各不相同。有的孩子对医生很感兴趣，而有的孩子却完全不感兴趣，到处寻找新玩具。这些在幼时表现出的特性，有些很快就会消失，但有些会一直影响孩子的行为举止，直到他们长大。此外，活跃度、专注力、情绪调节能力，以及害羞、敏感、冲动等特性还会受到遗传因素的影响，并能够持续相当长的时间。

发展心理学家杰罗姆·卡根（Jerome Kagan）对2岁左右的孩子进行了研究。他将孩子分成2类，一类是畏惧接触陌生的人或事，另一类是容易接触陌生的人或事，然后观察他们成年后是否仍是这样的。研究结果显示，2岁时表现出畏惧陌生人的孩子，21岁时仍有同样的反应：恐惧中枢——杏仁体有剧烈反应。这说明幼时怕生的性格特点能够一直延续到成年。

如果不加干涉,幼时的性格特点便会伴随孩子一生。那么,这其中有哪些需要培养,又有哪些需要改善呢?

需要改善的性格

害羞、冲动、好斗、焦虑的孩子长大后很难融入社会,专注力差或冲动浮躁的孩子长大后很有可能有攻击性行为或者学习不好。除此之外,胆小的孩子长大后容易出现焦虑的倾向。然而,相关研究表明,如果幼儿时期便表现出无畏和冲动的性格特点,那么孩子在几年后会变得更具攻击性。冲动和攻击性是培养自控力的两大障碍,需要父母严加管教以及孩子不断练习才能排除。

需要培养的性格

对于新鲜事物,有的孩子会盯着看很久,而有的孩子则很快便失去兴趣,这种特性会对孩子未来的智力产生影响。在1岁时能够长时间关注事物的孩子,未来的智商会更高。长时间专注的能力是重要的自控力之一,如果孩子很难集中注意力,父母可以通过改变环境或增加专注时间来帮助孩子提高专注力。

培养自控力的方法

孩子需要被管教的时候,也是孩子的行为需要被纠正的时候,这个时候就是父母培养孩子自控力的大好时机。自控力的发展会随着父母教育方式的变化而变化。父母只有给予孩子具体的指示,并帮助孩子反复练习,才能培养孩子的自控力。但是,如果父母在孩子需要被管教的时候,以不恰当的方式强行纠正孩子的行为,则会适得其反,阻碍孩子自控力的发展。

心理学家戴安娜·鲍姆林德(Diana Baumlind)根据父母对孩子提出的要求的接受程度以及对孩子的期望值,将父母的教育模式分为以下 3 种。

专断型

这是一种十分冷酷生硬的教育模式。这类父母很少考虑孩子自身的要求与意愿,常常以严厉、冷酷的态度对待孩子,并要求孩子绝对地服从自己。

放纵型

这是一种过于包容、溺爱孩子的教育模式。这类父母对孩子缺乏控制,无条件满足孩子的要求,放任孩子做决定，并且很少要求孩子遵守规则。在这种模式下长大的孩子大多是不懂礼貌、娇生惯养的孩子。

权威型

这是一种理性且民主的教育模式。这类父母能够接受孩子合理的要求，但也不会放任孩子任性乱来，同时，他们还对孩子有较高的要求与期待，对孩子严格却不冷酷。

阿姆斯特丹大学的杰西卡·彼得罗夫斯基（Jessica Piotrowski）对1141名2～8岁的孩子及其父母进行了研究，分析了教育模式对孩子自控力的影响。研究结果显示，权威型父母教育出的孩子自控力最强，而专断型或放纵型父母教育出的孩子自控力未能得到良好的培养。

这项研究表明，过度严格和过度放纵都会对孩子自控力的培养产生不利影响。因此，==要想培养孩子的自控力，父母必须让孩子参与到重要的决策过程中，并且和孩子共同制定、遵守规则。==

权威型父母的独特之处

权威型父母的教育方式有以下特点。

引导孩子用语言表达情绪

孩子生病时会哭闹、烦躁，父母与其一味地劝慰他们不要哭，不如引导他们用语言表达出来。父母可以说："你很难过吗？如果你感觉烦躁，不要哭，说出来会好受些。"当孩子将情绪表达出来以后，父母就容易找到控制情绪的方法了。如果身体难受，就找出病因并消除它；如果烦躁，就找一些消除烦躁的方法。

愤怒的孩子可能会通过摔打东西来发泄愤怒。像这样用行动宣泄情绪是因为孩子的自控力发展还不成熟。因此，父母需要帮助孩子通过语言而不是行动表达情绪，引导孩子练习用语言控制情绪，这样即使是 4 岁的孩子也能够自己喊停，并努力止住眼泪。虽然小时候孩子会把话说出来，但是，随着他们逐渐长大，他们就能学会在心中喊停。

给予孩子具体的指示

如果孩子犯错，比起指责他们，父母给他们一个具体的指示，告诉他们下次应该怎么做会更好。比如，如果孩子因为生气而乱扔东西，大声训斥他们反而会失去培养他们自控力的机会。因此，比起指责，告诉他们"下次生气的时候可以先在心里数 3 个数冷静一下"会更好。

细心观察孩子的状态并及时给予回应

孩子都是通过父母的反应来分辨世界的。如果父母能够及时对孩子的情绪、心理和行为做出反应,孩子就能很快学会分辨是非对错。

比如,哥哥想吃饼干,而弟弟也要吃,哥哥能忍住独享的欲望,分给弟弟一半,这时如果父母表扬哥哥说"虽然你想自己吃完,但你能够与别人分享,这非常棒!",那么弟弟下一次也会努力控制自己的冲动,变成乐于分享的孩子。

帮助孩子明确界限

如果父母能够提前告诉孩子哪些事情能做,哪些不能做,那么孩子就会努力不越界,从而更好地培养自控力。

控制自己的情绪

如果对孩子说不要大喊大叫,而自己却大喊大叫,那么孩子便会学习父母的行为而不是听从父母的教导。因此,如果想让孩子学会控制自己的情绪,父母必须做出榜样。

自控力与共情能力

共情能力是察觉并理解他人的心情和想法，并做出相应行为的能力。当别人哭时，刚出生的婴儿要么跟着一起哭，要么傻乎乎地待着；当他学会走路时，就开始出现试图安抚他人的行为。原本只在意自己的婴儿，逐渐能够区分自己和他人，并尝试理解他人的心情和立场。

情绪是会感染的。如果身边的人在哭，我们也会感到伤心。对情感的共鸣是人的一种天生的能力，是一种不自觉的行为。刚出生10分钟的婴儿会跟着爸爸做一样的表情；一个婴儿哭，新生儿室的其他婴儿也会跟着一起哭。这都是因为他们具备天生的情感共鸣能力。

1周岁以后，孩子就会开始关注他人的心情，与他人产生情感共鸣，并试图通过安抚他人来调节情绪。2周岁左右，孩子就能够稍微理解他人的心理状态，做出一些社交行为。共情能力越强的孩子，社交能力就越强，社会适应能力也越强，和同龄孩子相处得越融洽，这些积极表现会一直持续到青少年时期。另外，有研究表明，共情能力与情绪调节能力有关。在学步时期，情绪调节能力强的孩子会表现出较强的共情能力。

父母对待孩子情感的方式大致可以分为两类：一类是

指导情感型,另一类是无视情感型。

指导情感型父母对自己和孩子的情感有良好的认知,能够与孩子心平气和地谈论情绪与心情。当孩子产生愤怒、伤心等负面情绪时,父母能够安抚孩子,并引导孩子控制自己的情绪,从而培养孩子的情绪调节能力。

无视情感型父母对自己和孩子的情感没有良好的认知,对于孩子情绪的流露,尤其是负面情绪的流露,仅有"你就为了那个哭吗"之类的话,无视孩子的感受与需求。

父母对待孩子情感的方式不同,孩子学习和处理情感的能力也就不同。由指导情感型父母带大的孩子,对情感的了解十分细致,情绪调节能力也很强,他们具有较强的社会适应能力和自尊心,学习成绩好并且能够和同龄人融洽相处。因此,==要想提高孩子的情绪调节能力和共情能力,父母在认同和接纳孩子情绪的同时,可以与孩子多谈论感情与情绪,帮助他们学会处理感情。==

05 用奖励培养自控力

美国行为主义心理学家斯金纳曾进行了一项动物实验，实验结果表明，奖或惩能够改变动物的行为。同样，利用奖惩行为疗法纠正孩子的错误行为也有明显效果，尤其是如果父母能够正确掌握行为疗法，并将其应用到孩子身上，效果会更加明显。代表性的行为疗法包括 ABC 训练法、奖励贴纸法、暂停法等。

惩罚会变成奖励

事实上，父母正确运用行为疗法并不是一件容易的事情。有时，父母以为自己在惩罚孩子，但实际上却是在奖励孩子。

例如,妈妈催促恩秀写作业,恩秀却一边嫌烦,一边将塑料杯子摔到了地上,杯子里的水洒了一地,妈妈也被吓了一跳。

"你干什么呢?怎么一点礼貌都没有!你现在是不是翅膀硬了?"

妈妈大声责骂恩秀,越骂越生气,打了恩秀后背一巴掌,然后又继续说道:"别再让我看见你,回你房间去!"

恩秀便哭着进了房间。妈妈通过大声斥责,并且动手来惩罚恩秀,但是,恩秀非但没有改正这种行为,反而变本加厉。

为什么会这样呢?因为妈妈看似在惩罚恩秀,实则是在奖励她。恩秀因为不想写作业而做出没礼貌的行为,妈妈却只斥责了她的行为,并没有继续让她写作业。所以,为了逃避自己不喜欢做的事情,恩秀还会继续做出这种行为。

在诊疗时,为了判定父母的教育方法是否有效,我会将父母教育孩子的全过程记录下来,包括时间、起因(孩子的问题行为)、父母的教育过程和结果等。

接下来,让我们一起分析一下恩秀的事例。

恩秀事件分析	
时间	2021年4月20日晚8点
起因	妈妈催促恩秀写作业,恩秀却一边嫌烦,一边将杯子摔到地上
妈妈的想法	妈妈十分生气,认为应该纠正恩秀的错误行为
妈妈的教育过程	妈妈大声责骂并打了恩秀,然后把她赶回房间
结果	恩秀哭着进了房间

事件最开始是妈妈想让恩秀写作业,但是,结果恩秀是否写作业我们无从得知。

这就是问题所在。恩秀不想写作业,那么,妈妈应该对恩秀的行为进行批评,然后督促她把作业写完,从而解决根本问题。只有这样,恩秀才不会为了逃避不想做的事情而做出错误行为。在现实生活中,许多父母和恩秀妈妈一样,虽然使用了行为疗法,但是,由于使用方法错误,所以教育效果并不理想。

奖励孩子是奖励他们正确的行为,以此来引导他们养成良好的行为习惯。因此,父母必须善于运用奖励来教育孩子。接下来,让我们了解一下父母应该如何通过奖励来培养孩子的自控力。

不好的奖励无法纠正孩子的行为

父母费尽心思奖励孩子，有时可能会没有任何效果，甚至还会适得其反，这种奖励便是不好的奖励，具体有以下几种。

标准模糊的奖励

父母告诉孩子如果听话，就有奖励，但是听话的标准是什么呢？将父母安排的事情一件不落地全部完成，就是听话吗？如果以这种模糊的标准来奖励孩子，那么无论是父母还是孩子都会感到混乱。并且，如果孩子按照自己的想法表现得十分听话，却没有达到父母的标准，没有受到奖励，他们就会觉得十分委屈。

时有时无的奖励

根据父母的心情或实际情况时有时无的奖励是不好的。这种奖励取决于父母的心情，对孩子来说没有争取的动力，他们会觉得没有必要费尽心思去得到。另外，得奖的时候虽然心情不错，但是没有奖励的时候他们也会生气。

对孩子有害的奖励

父母不能因为孩子喜欢就奖励他们有害的东西。含咖啡因的糖果或冰激凌会妨碍孩子的睡眠和成长，过度沉迷游戏机或者摄入高糖高油的食物等不利于孩子的身体健康，这些都是不好的奖励。

物质奖励

很多父母会想到与钱有关的奖励，但是孩子的努力和父母的认可并不能用金钱衡量。如果长此以往，孩子会习惯性地将赞美或认可换算成金钱。比如，上次成绩提高了1分就得到了1000韩元（相当于人民币5元），这次提高了5分才给1000韩元，他们会对此产生不满。因此，这种奖励也是不好的。

孩子不喜欢的奖励

父母为了孩子的健康着想，可能会选择奖励孩子一份有机蔬菜沙拉。但是，对于孩子来说，这根本就不算奖励。真正的奖励应该是孩子喜欢的或者感兴趣的。如果奖励无法吸引孩子，那么孩子也就没有动力去做事了。

第一名的专属奖励

这种奖励会使孩子养成攀比的习惯。与人比较，虽然有时能够激发孩子的动力，但是，如果孩子没有取得第一名，他们就会产生非常强烈的挫败感。世界上并没有十全十美的人。唱歌是第一名的人，可能跑步很慢；读后感写得非常好的人，可能没有画画的天赋。不管孩子多努力，都有可能在某些方面表现平庸。但是，即使这样，每个孩子都有独一无二的个性与能力。好的奖励并不是通过和别人比较得到的，而是和过去的自己比较得到的。

好的奖励能够纠正孩子的行为

接下来，让我们看看能够激发孩子动力的好的奖励。

事先商定好的奖励

父母可以和孩子提前商定好奖励，并且制定明确和公正的标准。这样的奖励能够帮助孩子明确目标，激发他们的动力，有助于培养他们的自控力。

能够兑现的奖励

如果事先和孩子商定好了奖励，孩子做到了，那么父母一定要信守承诺，准时兑现奖励；否则，孩子就会对父母提出的奖励失去兴趣。

孩子喜欢的奖励

父母奖励孩子喜欢的东西,才能激发孩子的动力。哪怕是父母觉得毫无用处的贴纸、完全不相配的帽子,只要是孩子感兴趣的东西,就可以作为奖励。这样,才能带给孩子幸福感与满足感。

进步奖励

孩子获得奖励的标准不应该是比他人优秀,而是比过去的自己优秀。比如,面对同样的状况,上次哇哇大哭的孩子,这次却忍住没哭,那么他就值得受到奖励。

对孩子努力过程的奖励

即使结果不尽如人意,只要孩子努力了,就应该得到奖励。如果父母只看重结果,孩子便会心存侥幸。因此,为了不断培养孩子的自控力,父母需要奖励正在努力拼搏的孩子,引导他们培养直面困难、坚持不懈、永不言弃的精神。

称赞

对于孩子来说,奖品再好,也比不过父母真心的称赞与认可。因此，如果孩子能够认真努力地做事，父母一定不要吝惜对他们的称赞。

培养自尊心比奖励更重要

事实上，真正的行为疗法是不需要奖惩的，因为，在引导孩子的行为方面，有比奖惩更有效的方法。

上小学4年级的熙俊总是喜欢斤斤计较，爱为小事发脾气。某天，爸爸妈妈带他到他最喜欢的猪排店吃饭，到了以后才发现当天不营业。没能吃到期待已久的猪排饭，熙俊果不其然又发脾气了，他生气地大喊大叫：

"为什么偏偏今天休息？为什么你们要在猪排店休息的时候带我来？"

熙俊叫喊的声音吸引了路人的关注，父母只能连忙带他到附近的炸鸡店，并答应他下次再吃猪排饭。虽然用炸鸡安抚，但熙俊仍然一直嘟嘟囔囔地发脾气。

过去，熙俊不发脾气的时候，父母会给他零花钱或者小零食；当他发脾气时，就不让他玩游戏。父母尝试通过这样的方式来控制熙俊的脾气，虽然偶尔奏效，但是，大多时候都没用，熙俊始终暴躁易怒，爱乱发脾气。

除了奖罚，父母也曾尝试过其他方法。比如，当熙俊乱发脾气时，父母会尽量保持冷静，并不管教他，等到熙俊稍微收敛些，便会积极地给予关心和表扬。然而，这些办法终究治标不治本。

一天，熙俊突然说想养只小狗，父母有些犹豫，害怕他会向小狗乱发脾气。但是，禁不住熙俊的苦苦哀求，他们领养了一只2个月大的小狗。

然后，奇迹般的事情发生了。熙俊变得十分爱笑，发脾气的次数也逐渐减少了，即使有时发脾气也只是稍微生气。父母对此觉得十分神奇。

熙俊说小狗又小又脆弱，每天跟着自己，感觉自己对它来说特别重要。过去，父母通过奖励和惩罚，根本无法打动熙俊的心，但是现在，小狗却做到了。

父母看着熙俊的变化，认识到自己从来没有真心地认可和尊重过熙俊，他们只是将熙俊看作一个暴躁易怒的孩子，每天只想着通过奖罚来控制他的情绪。

纠正孩子不能仅仅依靠奖和罚，只有父母真诚地爱护、尊重和认可孩子，孩子才能拥有自尊心。这样，即使没有父母在身边教导，他们也能调节自己的情绪，做出正确的行为。由此可见，培养自尊心是培养孩子自控力的重要方法。

06 信任是根本

20世纪60—70年代,斯坦福大学的心理学家沃尔特·米歇尔(Walter Mischel)曾对600名3～5岁的孩子进行了忍耐力实验,这就是著名的棉花糖实验。

研究人员让每个孩子坐在一间实验室里,并在他们面前放上棉花糖,然后和孩子约定,如果他们能忍住15分钟不吃棉花糖,那么他们就能多得到一颗糖。

实验结果显示,孩子的反应分为3种:有的孩子还没等研究人员说完规则,就吃掉了棉花糖;有的孩子在研究人员一出去后就吃掉了棉花糖;有的孩子忍了15分钟,最终拿到了两颗棉花糖。

棉花糖实验之所以有名,是因为针对该实验还有一项后续研究,这项研究主要观察这些孩子在青少年时期的表现。研究人员发现,能够忍耐 15 分钟的孩子,青少年时期的认知能力更强,并且学习成绩更好。这个实验引起了社会的广泛关注,培养孩子的忍耐力也一举成为教育的重中之重。

棉花糖实验的缺点

即便如此,棉花糖实验也存在一定问题。参与实验的 600 名孩子中,只有不到 50 名孩子在青少年时期参加了认知能力和学习能力的后续调查,而且大部分都是来自富裕家庭、由高学历的白人父母养育的孩子。因此,有人提出质疑,棉花糖实验的结论是否适用于条件贫困、由其他种族或低学历父母养育的孩子。

纽约大学的泰勒·沃茨(Tyler Watts)、加州大学欧文分校的格雷格·邓肯(Greg Duncan)和全浩南(Haonan Quan)也曾对 918 名 4 岁左右的孩子进行了类似的测试。其中,有 500 名孩子的母亲没有受过高等教育,在这些孩子 15 岁时,研究人员测试了他们的学习能力。结果显示,幼儿时期的忍耐力与青少年时期的学习成绩并没有太大关系。另外,孩子是否快速吃掉棉花糖与孩子的家庭环境有关，而不是忍耐力。因此，贫困家庭里长大的孩子往往很快就会吃掉棉花糖。

这大概是因为贫困家庭的父母经济拮据，即使承诺给孩子买棉花糖，也可能没法兑现，因此，孩子会认为把眼前的食物吃进肚子比相信大人的承诺和等待更加可靠。由此可见，如果大人能够信守诺言，孩子就能更好地忍耐。

孩子的忍耐力取决于父母遵守承诺的程度

有一个实验能够很好地证明这个结论。美国罗切斯特大学的认知科学家塞莱斯特·基德（Celeste Kid）等人对28名孩子开展了一项实验，他们告知孩子要开展艺术活动，并给他们每人都发放了蜡笔，然后，研究人员承诺他们过一会儿还会给他们黏土和彩纸。但是，研究人员只向其中的14名孩子兑现了承诺，另外一半的孩子并没有得到黏土和彩纸。

随后，研究人员对这28名孩子进行了棉花糖实验。其中，收到黏土和彩纸的14名孩子都能够忍住不吃棉花糖，平均每人忍耐了12分钟，并且有9名孩子忍到了最后，得到了两颗棉花糖。而另外14名未被兑现诺言的孩子中，只有一名孩子坚持不吃棉花糖，平均每人只忍耐了

3 分钟。

有的孩子想把诊疗室的玩具带回家，这时，有的父母会哄孩子说："把玩具留下的话，就给你买冰激凌吃。"或者说："不拿玩具的话就带你去游乐园玩。"看着这样的父母，我十分担心他们是否能兑现承诺。如果他们失信于孩子，那么下一次这种哄孩子的方法就会失效。因为，只有孩子相信父母，他们才愿意忍住，一旦失去对父母的信任，他们就不会听话了。

如何赢得孩子的信任

如果想培养出自控力强的孩子，父母必须获得孩子的信任，而要想得到孩子的信任，父母对孩子的教育必须连贯一致。为此，父母需要做到以下几点。

不做无法兑现的承诺

在向孩子许诺之前，父母最好慎重考虑自己是否能兑现承诺。"如果你继续这样，我再也不给你买冰激凌了。"父母用这种方式威胁孩子的情况屡见不鲜，但是，这其实是一种无法兑现的承诺。

父母真的能做到永远不给孩子买冰激凌吗？肯定不

能，说不定没过几天父母就会给孩子买。这种行为会直接降低孩子对父母的信任，因此，父母一定要三思而后行，对自己的承诺负责。

控制自己的情绪

父母肯定都明白遵守与孩子的约定十分重要，在大多数情况下他们并不想违约。但是，在愤怒的状态下，父母常常会违背诺言。

例如，父母事先和孩子约定写完作业就可以玩1小时的游戏，但是，写完作业的孩子刚准备玩，弟弟却吵着要先玩，兄弟俩为此又争又吵，父母一气之下大声斥责哥哥："你不能让让弟弟吗？你今天不许玩游戏了！"

孩子又委屈又伤心，明明自己完成了作业，父母却没有兑现承诺，下一次或许还会这样。久而久之，他们认真写作业的热情也就大大减少了。

因此，父母一定要学会控制自己的脾气，三思而后行，不要说出让自己后悔的话，也不要委屈孩子。

保持稳定的情绪状态

焦虑不安、心情忧郁的父母会冲动行事；患有抑郁症的父母很难以稳定的状态对待孩子。因此，如果在孩子面前难以控制自己的情绪，父母最好检查一下自己是否患有焦虑症或抑郁症。如果症状严重，一定要寻求专家的帮助。

适当休息

太过疲惫时，父母无法正确地教育孩子，尤其是失眠的第二天，父母会变得十分敏感，更容易冲动地对待孩子。因此，就算不考虑自己的健康，单单是为了孩子，也要适当休息。

游戏的作用

孩子可以通过游戏培养自控力。婴儿用手或脚拍打挂在婴儿床上的风铃，能够培养对大肌肉的控制能力；孩子拼乐高、剪纸、画画，能够培养对小肌肉的控制能力；孩子在脑海中规划形状，然后用积木拼出来，能够培养制订、执行计划的能力，同时也能够培养对小肌肉的调节能力。

和朋友玩能够培养自控力

2个6岁的孩子一起玩过家家，一个孩子当爸爸，另一个当妈妈，他们会按照观察到的和自己的想象来扮演角色，这能够培养他们的计划和执行的能力。不仅如此，在扮演角色的过程中，一个孩子用玩具刀假装切菜，另一个孩子也说要切菜，在只有一把玩具刀的情况下，孩子将自己的玩具刀让给朋友，这能够培养孩子的忍耐力。

2个8岁的孩子一起玩棋盘游戏。一个孩子连续赢了2局，另一个输的孩子赌气想要耍赖不玩，但是，想到朋友可能会再也不愿意和自己玩了，于是，即使自己输得想哭，但还是会控制情绪，继续玩。连续赢了2局的孩子兴高采烈，骄傲地想要耀武扬威一番，但是，看到朋友失落的表情，就会克制自己，继续下一轮游戏。在这个过程中，孩子调节输赢时产生的情绪，能够很好地培养自己冲动抑制能力和情绪控制能力。此外，在遵守棋盘游戏规则的过程中，孩子的工作记忆力和专注力也得到了提升。

孩子能够主动培养自控力

孩子的某些行为在成年人看来是无关紧要或者毫无意义的。例如，孩子反复上下楼梯或者推着椅子在客厅里来回走。即使父母没让孩子这样做，孩子也会反复做，直到厌倦。然而，这些行为可以锻炼孩子对身体和大肌肉的控制能力。孩子在不同的发育时期会自主寻找游戏，并积极行动，主动培养自控力。

第 3 章
自控力的发展阶段

07 准备阶段——建立稳定的亲密关系

　　自控力形成于稳定的亲密关系之中。事实上，在形成亲密关系时期，父母的反应比孩子的努力更重要，因此，与其说这个阶段是积极培养自控力的阶段，不如说是准备阶段。如果在这个阶段，父母与孩子还没有形成稳定的亲密关系，那么父母在培养孩子自控力的同时，就需要努力增进与孩子的关系。

　　人类如果骨盆很宽，在直立行走时两腿之间的距离就会太大，人类就难以灵活行走，所以人类进化出狭窄的骨盆。婴儿出生时，会穿过妈妈的骨盆，如果婴儿的头太大，就很难穿过。因此，为了能够顺利降生，婴儿出生时身体发育并不成熟。

哺乳动物中只有人类刚出生时无法走路，1岁左右才渐渐学会行走，即使到了3岁，跟跄摔倒也是常有的事。对于这样发育不成熟的婴儿来说，独立生存是不可能的，孩子需要和照顾他的人产生亲密关系，才能够生存。

亲密关系是自控力的基础

俗话说："九层之台，起于累土。"对于孩子来说，也同样如此，只有与父母形成稳定的亲密关系，孩子的人生才能拥有坚实的基础，他们才能得以茁壮成长。与父母的亲密关系会影响孩子的人生观与世界观，拥有稳定的亲密关系的孩子会更加积极地看待一切，能够以乐观、稳定的心态勇敢面对人生。

亲密关系是培养自控力的基础。拥有稳定的亲密关系的孩子会更加自信，从而更能勇于挑战、直面挫折。这种亲密关系是孩子与父母共同拥有的，因此，孩子也需要参与到建立亲密关系的过程中。

本能的亲密行为

婴儿刚出生不久，就会盯着父母，模仿他们的表情。

这是因为婴儿出生以后,大脑中的镜像神经元会开始兴奋,婴儿会下意识地模仿别人的表情。而面部表情是感情的流露,孩子从一出生便已经开始尝试了解父母的感情。过了几个月,孩子就能笑着咿呀学语,要求抱抱,哭闹的孩子被人一抱就能够停止哭泣。

孩子的这些行为都是想让父母靠近自己,如果父母不与孩子亲近,那么孩子的存活率就会大大降低。由此可见,孩子的行为对建立稳定的亲密关系有非常重要的作用。

出生 6 个月后,孩子会对主要养育者表现出明显的依恋行为,如果有陌生人靠近,他们会十分警惕,并开始哭闹。再长大一点,孩子就会产生分离焦虑,他们总是想和主要养育者待在一起,并极度害怕被抛弃。

不仅如此,孩子还会通过主要养育者来认识世界,他们在陌生的情况下能够通过养育者的表情来掌握情况。例如,孩子初次体验玻璃栈道时,会通过父母的表情来感知是否安全,父母的笑容能够鼓励孩子勇敢挑战。

亲密关系与自控力

如果主要养育者能够细心关注孩子的状态,并及时且情绪稳定地给予反应,孩子就会与主要养育者建立稳定的亲密关系。如此长大的孩子情绪会更加稳定，调节情绪的能力也会得到更好的培养。

相关研究证实了这一点。研究人员研究记录了1岁孩子与父母亲密关系的稳定程度，并在他们6岁和11岁时，测试了他们的情感认知能力。结果显示，1岁时已经与父母建立起稳定的亲密关系的孩子，情感认知能力更强。

另外，亲密关系稳定的孩子注意力更加集中。与之相反，亲密关系不稳定的孩子常常会因为心神不定而难以完成学习任务，甚至难以专注于任何事情。

父母要与孩子建立稳定的亲密关系

能够与孩子建立稳定的亲密关系的父母大多具有以下特征：

第一，这些父母能够细心了解孩子的情况。例如，孩子吃饱喝足，美美睡了一觉以后，满怀期待地看着父母想要和父母玩，父母注意到以后，会及时来到他们身边，逗孩子咯咯直笑。

没过多久，孩子玩累了，但他们没办法直接告诉父母，只能对父母的逗弄视而不见。细心的父母很快就能察觉到，他们会抱起孩子，轻哄孩子入睡。但是，粗心的父母仍然会勉强地逗孩子玩，惹得孩子不耐烦地放声大哭。

细心和粗心父母的差异体现在方方面面的小事中，与孩子建立的亲密关系也会产生差异。由此可见，父母的细心程度会影响与孩子的亲密关系。

第二，这些父母能够对孩子的需求做出反应。即使父母细心地察觉到孩子的状态，如果什么都不做，孩子也很难和父母建立稳定的亲密关系。例如，如果父母听到孩子的哭声，知道孩子饿了，却仍然不管不顾，孩子就会不停地哭闹，承受很大的压力。这种压力不仅会妨碍亲密关系的形成，还会对孩子神经系统的发育产生不利影响。

正常情况下，父母不会放任孩子不管，但是，患有重度忧郁症或酒精中毒的父母就会对孩子的哭闹置之不理，这样会阻碍孩子的正常发育。

第三，这些父母能够始终如一地对待孩子。当孩子要求父母陪自己玩时，如果父母能够不厌其烦地陪孩子玩，那么父母与孩子就更容易建立稳定的亲密关系。但是，如果父母的情绪起伏较大，父母与孩子就很难建立稳定的亲密关系。

08
第一阶段——用语言表达情绪

1周岁左右，孩子就能够说出完整的词汇了。随着词汇量的增加，他们渐渐能用语言表达各种各样的东西，情绪就是其中之一。过去，孩子并不能认识到自己的情绪，更无法将其表达出来；而现在他们足以认识到并表达自己的情绪。控制未知的情绪是很难的，因此，要想让孩子能够正确表达、控制情绪，父母首先要帮助他们正确认识并区分情绪。

认识并区分情绪

父母可以陪孩子一起认识并区分情绪。比如，说"高兴"的时候就哈哈大笑,说"悲伤"的时候就哇哇大哭,这样的游戏可以帮助孩子了解自己的情绪。

另外,借助表情绘本也是不错的选择。父母可以和孩子一起在绘本中寻找哭脸或笑脸,从而帮助孩子辨别情绪。

孩子在学会说话以后,就能通过语言控制自己的情绪。例如,当孩子试图忍住哭泣时,他们会说:"不哭!"虽然没办法完全控制住哭,但他们正在努力,这时,父母可以对孩子的努力给予表扬,以此来鼓励他们反复练习,直到学会控制情绪。

有话好好说

学会走路以后,孩子便对这个世界充满好奇。在孩子爱闹的年纪里,只要父母稍不注意,便会和好奇心旺盛的孩子产生争执。因为父母无法放任孩子做他们想做的事情,当他们做出危险行为时会及时制止他们。

面对父母的百般阻挠,孩子肯定会愤愤不平,但是,这个时期的孩子无法用语言流畅地表达自己,因此,他们只能用身体来表达,比如,在地上打滚,乱扔东西,随便打人等。

==为了让孩子学会用语言文明地表达情绪,父母应该==

引导他们从这个时期开始练习。 父母要读懂孩子的情绪。当父母通过声音得知孩子生气了,可以根据他们的语言水平,告诉他们如何正确表达自己的愤怒。例如,如果是刚学会说简单词组的孩子,父母可以教他们说"不要"或"不"等;如果是语言表达能力较强的孩子,父母可以教他们直接说"我生气了"。

只要父母能够反复引导他们,他们就能够学会用语言表达情绪,做到有话好好说,而不是胡乱发泄情绪。如果有一天孩子做到了,父母一定要给予他们认可与赞扬。

"妈妈,啊呀?"

社交能力的基础是共情能力。孩子即使还不会说话,也会产生共情。出生不到6个月的宝宝,就已经能够和父母一起哭和笑;学会说话以后,他们便开始用语言表达共情。比如,当妈妈脚受伤、皱着眉头蹲着起不来时,孩子会一脸担心地说:"妈妈,啊呀?"

要想培养孩子的共情能力,以及用语言表达共情的能力,父母要先学会用语言表达,例如,"秀雅是不是生气了呀?"或者"玧其看起来心情很好啊!"。

另外,父母也可以用语言表达心情。例如,"妈妈心情很好"或者"爸爸很幸福"这样简单的语句。不过,需要注意的是,父母表达心情时,语言和表情要一致。因为共情的第一步是解读对方的感情,只有父母的语言与表情一致,孩子才能通过表情、声调、说话内容等多种线索准确解读父母的感情,更好地产生共鸣。

有的孩子不爱吃饭,父母意识到自己常常和孩子生气后,便想克制一下。孩子察觉到了反常,便问:"爸爸妈妈,你们生气了吗?"父母虽然强忍着怒气,但还是忍不住绷着脸、生硬地说:"没有!"孩子捉摸不透父母的情绪,只能一直看父母的脸色。

想要培养孩子的共情能力,父母的表情、声音和音调要保持一致。与其说反话,不如直接告诉孩子:"因为你不吃饭,爸爸妈妈都生气了。"这样,孩子就能够直接了解父母的感受,并学会如何应对。

09 第二阶段——区分该做与不该做的事情

如果说在前两个阶段中,父母的教育是为孩子培养自控力奠定基础,那么,从这个阶段开始,孩子将成为培养自控力的主体。孩子需要利用已掌握的信息,来区分当下应该做的事和不应该做的事。例如,孩子要知道应该排队等候、坐着看书,不应该因为生气而打朋友、用零食填饱肚子等。

每个人都对自己有独特的介绍,每个人的自我介绍大都包含身份、特点以及经历。"我是妈妈、女儿、妻子",这能够说明自己在家庭中的角色;"我是一个诚实守信、关爱他人的人",这能够说明自己的个性;"上周日我和家人一起去了游乐园",这能够说明自己过去的经历。

上面的自我介绍便是对自身存在的表达，即自我意识。随着语言表达能力的增强，孩子的自我意识会逐渐加深，自我评价的能力也会不断增强。

我很聪明

说自己是"爱哭鬼"的孩子和说自己是聪明的孩子之间有很大的差异。消极评价自我的孩子，即具有消极自我意识的孩子，自信心和自尊心都会下降，积极调节自我的意愿也会降低。相反，具有积极自我意识的孩子有较强的自信心和自尊心，自己的意志也更加坚定。

积极的自我意识能够激发自控力。一个有积极自我意识的孩子，能够对自己持肯定态度，自然而然更容易培养自控力。因此，要想培养孩子的自控力，父母应该在这个阶段帮助孩子建立积极的自我意识。

意志不坚定的孩子容易受外界的干扰。如果父母总是说孩子是"爱哭鬼"，孩子就会产生自己爱哭的消极的自我意识。相反，如果常常夸奖孩子聪明能干，孩子就会有积极的自我意识，并且会努力做得更好。

所以，父母的评价对于孩子的成长十分重要。当孩子做错事时，"你怎么总是这样！"，这样的指责会像匕首一样伤害孩子的自我意识。相比于责备孩子本身，父母应该责备孩子做错的事情，例如，说："我们的小聪明一直都做得很好，但这件事却做得不对。"这样能避免孩子产生消极的自我意识。

我要饼干，他要糖果

在这个阶段，孩子越来越能理解他人。例如，有一个喜欢吃饼干的孩子，和小朋友玩得很开心，父母说要给他们奖励。在无法区分自我和他人的阶段，孩子会认为小朋友和自己一样也喜欢吃饼干，但是，一旦产生自我意识，有了区分自我和他人、理解他人的能力，孩子就能意识到小朋友和自己有不同的喜好，因此，孩子会告诉父母："我要饼干，他要糖果。"

共情能力包括情感的共情力和认知的共情力。情感的共情力是天生的。即使没有人教，看到因为疼而哭的人，孩子也会觉得疼；看到高兴的人，孩子的心情也会变好。而认知的共情力建立在孩子思考并理解他人感受的基础之上，因此需要后天的体验和训练。

受欢迎的孩子不仅情感的共情力强，认知的共情力也很强。如果想要将孩子培养成细致体贴、关爱他人的孩子，父母必须创造条件，让孩子有机会考虑他人的感受。

| 想说的话和该说的话

宥敏在电梯里对妈妈说："妈妈，这个奶奶的身上有味道。"

电梯里还有另一位老太太和几名小区居民。妈妈羞愧得脸都红了，悄悄对宥敏说："不许乱说。"老太太却十分宽容，她慈祥地笑着说："那是因为奶奶年纪大了，才会这样。"

幸好老太太宽容，化解了尴尬，但是妈妈却在心里默默发愁："孩子没眼力见儿怎么办？"

在人员密集的街道上，有人提着包撞到了我的胳膊，他惊慌失措地道歉，而我说一声"没关系"，然后各自行路。在大多数情况下，即使感觉不舒服，人们也都会说"没关系"，这是因为成年人能够区分想说的话和该说的话。

当孩子开始理解他人的想法可能和自己的不同时，父母就要开始教孩子区分想说的话和该说的话。

妈妈可以对宥敏这样说："你这么说，奶奶会很伤心的。所以，下次即使想说，也不要说出来，好不好？"

这样，孩子就能逐渐学会体谅他人，并掌握对言行的自控力。

心里的盒子

我们眼中的世界会跟随我们的想法发生变化。当有人让我们伤心时，比起觉得对方瞧不起自己，我们不如想对方或许有什么难言之隐，这样会让自己心里舒服很多；面对即将开始的升学考试，与其担心落榜，不如想着"担心是以后的事，今天只需专心备考"，这样会让自己的注意力更加集中。改变想法，调整心态，这是成年人每天反复在做的事情，但是，对于孩子来说，却只是刚刚开始接触。

知安是个胆小的孩子，总是害怕有鬼，不敢自己上厕所，晚上睡觉也不让关灯。于是，诊疗时我让她在心里放一个盒子，每当想到鬼时，就把它关在这个盒子里。

"这个盒子非常结实，鬼被关进去就绝对出不来。"

听我这么一说，知安觉得十分有趣，便想象着在心里放了一个盒子，然后把鬼锁在盒子里。仅凭想象，知安就克服了恐惧，不再那么害怕了。

在这个阶段，孩子的语言表达能力与想象力都发展迅速。父母可以引导孩子练习用思想控制心理，借助语言和想象力培养他们的自控力。

10
第三阶段——拥有自尊心、道德心和忍耐力

孩子在小学阶段应该具备的自控力中，最重要的就是自尊心、道德心和忍耐力。自尊心能为孩子提供保护自己的力量，支撑孩子勇敢面对无法预测的事件和考验；道德心不仅能帮助孩子远离诱惑与冲动，还有助于孩子更好地适应社会，使孩子养成乐于助人、遵守规则等好习惯；忍耐力是学习能力的基础，能够帮助孩子忍耐学习时的困难与无聊。

身边的人手指被割破了，看到他痛苦的样子，孩子也好像被割伤了手指一样痛苦。

人是有共情能力的动物。如果身边的人生病了，我们还未来得及思考，脑岛（insula）就会受到刺激，大脑自动产生反应，我们就会感到难受。

道德高尚之人的大脑

当我们被人欺骗时，脑岛会受到刺激，就像我们看到手指被割破的人一样，大脑会产生痛苦的反应。大脑对这种痛觉的记忆时间很长，因此，我们对于说谎者的不快心情也会持续很长时间，并且我们的大脑会本能地排斥说谎的人。这便是一旦我们对某人失去信任，就很难重建信任的原因。

一个人独立生活的世界或许不需要道德，但是，在人类共同生活的世界中，诚实守信是不可缺少的美德。不诚实的人在任何地方都不受欢迎，因此，父母需要从小培养孩子诚实守信的品德。

孩子选择做出正确行为的原因

在不同的年龄阶段，孩子做出正确行为的原因各不相同。年龄越小，孩子就越会为了不挨训而做正确的行为。大约四五岁以前的孩子，只会根据表面的行为来判断是非对错。如果我们问他们："为了帮助爸爸妈妈，洗碗时打碎10个盘子的小朋友，和打碎1个盘子的小朋友相比，谁更应该挨训呢？"这个阶段的孩子大多会认为打碎10个盘子的孩子更应该挨训。他们完全不会考虑其他因素，比如出于好意，或是有其他原因，只是简单地认为，错误的行为应该受到惩罚，如果没有受到惩罚，就是正确的行为。

处于这种道德水准的孩子，当他们想要别人的东西时，只要身边没有大人，他们很可能会直接把东西拿过来。因为他们认为只要不被发现、不挨训就没事，甚至还会觉得被批评一次也没关系。到了小学高年级或者初中阶段，如果孩子还是这样，父母一定要高度重视。

为什么孩子会肆无忌惮地做这种事呢？这是因为比起受到表扬，孩子挨批评的次数更多。这样长大的孩子自尊心较弱，他们做正确的事情，不是为了得到表扬或认可，而是为了不被批评。所以，如果周围没有大人批评他们，或者他们觉得不会被发现，又或者认为即使被批评也没关系，就会肆无忌惮地说谎或偷窃。

自尊心对于培养孩子道德方面的自控力有至关重要的作用，父母必须重视对孩子自尊心的培养。

自尊心强的孩子能够主动做出正确行为

小学生对于自己的描述，即自我意识，包含了更多的内容。他们会说"我虽然擅长运动，但唱歌却不好"，以此来描述自己的优势和劣势；也会说"别人的家是 40 坪（1 坪相当于 3.3058 平方米），我的家是 30 坪"，以此来比较自己与他人的社会特征。在这个阶段，孩子开始在意别人眼中的自己，并开始思考所谓的声誉。他们不再单纯地为了不挨骂而不偷东西，而是为了自己的名声主动做出正确的行为。

孩子的自我意识越强，就越能理解他人，渐渐地学会理智地共情。例如，他们会逐渐理解失主丢东西后的伤心，便不会去偷东西。

自尊心弱的孩子对自己的期望值很低，因此目光短浅，没有长远的人生目标，即使有目标，也不会为实现目标而拼搏奋斗。但是，自尊心强的孩子对自己有很高的期望，他们能为自己设定合适的目标，并且动力十足。由此可见，孩子拥有较强的自尊心，更容易培养自控力。

第 2 部分

培养自控力的训练

第4章

培养自控力的第一阶段：情绪的表达与调节训练

孩子周岁以后，会发生两个明显的变化：一，他们开始用语言交流，能够说妈妈、饭饭（儿语）等简单的词语；二，他们开始站立行走。这两个变化代表着孩子进入了新的成长阶段。

语言是人将脑外事物象征化的产物。比如，挂在树上或摆在摊位上的某个东西的具体样貌，能够通过"苹果"一词出现在我们的脑海中。即使是不同的人，也能通过同一个词语在各自的脑海中浮现相同的东西。所以，我们可以通过语言进行交流。

孩子在学会走路之前，只能躺着、爬着勉强地看到世界，但是，现在他们可以亲自触摸、探索这个世界了。在这个阶段，他们有太多想做的事情、想去的地方、想触摸的东西，自主性和独立性都急剧增加，因此，极容易与限制他们行为的父母发生矛盾。但是由于他们还无法顺畅地与父母沟通交流，所以只能靠耍赖、倔强来表达自我。

面对这样的孩子，父母进退两难。如果约束孩子，就会抑制孩子的自主性和独立性；如果放任孩子，孩子的人身安全又无法保障，还容易养成不良习惯。在少年时期，如果父母能够找到平衡，既不过分干涉孩子，又不放任不管，孩子的自控力就会迅速发展。

01 当孩子失眠时

人类的睡眠质量受环境影响很大,环境温度太高或太低、太嘈杂或太明亮,都很难入睡。而孩子对环境更加敏感,尤其受家庭生活模式的影响更大。如果孩子想要睡觉,大人却在客厅里大声说话或看电视,孩子就会睡不好;如果孩子准备睡觉,父母却在这时回家,孩子就会因为环境吵闹而错过入睡时间。由此可见,环境是影响孩子睡眠质量的主要因素。

因此,在为失眠的孩子诊疗时,我会首先询问孩子的睡眠环境,仔细确认孩子一般是和谁睡、在哪里睡、几点睡,以及孩子不想睡觉时父母的做法等。有的父母昨天让孩子和自己一起睡,今天却让他和奶奶睡;有的父母昨天让孩子玩到很晚，今天却让他早点睡。像这样经常变化睡眠环境和父母不统一的行为会严重妨碍孩子的睡眠。因此，为了让孩子更容易入睡，父母需要为孩子创造一个良好的环境。

创造良好睡眠环境的必要性

在固定时间、固定地点有规律地睡觉，孩子不仅能轻松入睡，还能学会如何管理时间。他们能够根据入睡时间来预先规划玩耍的时间，并有计划地上床睡觉。不仅如此，==预测未来和管理日常生活的能力也是自控力的重要组成部分，因此，孩子有规律地入睡能促进其自控力的发展。==

父母的错误做法

根据大人的日程来安排孩子的睡觉时间

如果父母因为工作或休假不睡觉，却催促孩子上床睡觉，孩子会难以入睡；如果父母疲惫的时候让孩子早睡，心情好的时候让孩子也一起熬夜到很晚，孩子也很难入睡。

突然让孩子睡觉

如果孩子正玩得起劲，父母却说自己累了，让孩子赶紧睡觉，孩子就会难以入睡。不仅如此，如果父母不提前告知睡觉时间，孩子玩耍的时候会感到十分不安。

经常让孩子换床睡觉

如果常常更换孩子的睡觉场所，或者家长轮流哄孩子睡觉，孩子会很难入睡。尤其是容易焦虑的孩子对环境的变化特别敏感，在陌生的环境中他们会更加难以入睡。

责备孩子不睡觉

如果父母因为孩子不按时睡觉，就批评或吓唬他们，孩子会感到焦虑和恐惧，更加难以入睡。

父母的正确做法

为孩子创造良好的睡眠环境

父母要为孩子创造黑暗安静、阴凉通风、熟悉温馨的睡眠环境，并让他们在固定的环境中由固定的人陪伴，按时入睡。

培养孩子的睡眠意识

父母可以培养孩子的睡眠意识，让孩子提前调整好状态。例如，临近孩子的睡觉时间时，父母可以调暗灯光，让孩子进行睡前准备，比如刷牙或者换睡衣等。这些做法能让孩子的大脑意识到应该睡觉了，并逐渐进入睡眠状态。不仅如此，睡眠意识还可以安抚孩子的不安情绪，帮助孩子快速入睡。

当孩子严重失眠时，要关注孩子的身体健康

生病的孩子容易睡不好。即使身体没有疼痛，如果有炎症，孩子也很难入睡。因此，如果孩子失眠严重，父母一定要关注孩子是否生病了。

02 当孩子非常倔强时

成年人能够明确自己的情绪状态，并根据情况和对象适当调整自己的行为与情绪。但是，孩子并不清楚自己的情绪，更无法清晰地表达自己的需求。所以孩子在不满意时，常常会撒泼打滚，变得蛮横无理，父母常常疲于应对。尤其是在公共场合，孩子大喊大叫，父母更是进退两难，到底是应该顺应孩子的心意，还是严加管教，让孩子学会忍耐呢？

孩子倔强的原因

性格

有的孩子天性倔强。这样的孩子往往性格敏感，爱挑剔。在同样的情况下，倔强的孩子会比温顺的孩子情绪表现得更加强烈，他们会因为难以适应变化，而变得喜怒无常。

自我意识

孩子在产生自我意识以后，就有了想要的东西和不想做的事情，因此，会变得倔强。可以说，孩子变得倔强是成长的必经之路，能够证明孩子正在茁壮成长。如果父母用语言就能劝说他们，就意味着他们的倔强有所减弱。

不安

一旦出现焦虑不安的情况，孩子就很难控制自己的情绪。到了陌生的环境或者身体不舒服时，孩子会更加蛮横无理。随着孩子对情绪的自控力增强，孩子的倔强也会慢慢减弱。

父母的错误做法

为说服孩子而啰唆

如果父母不同意孩子的想法，孩子却固执己见，父母就会不停地劝说孩子。如果孩子不愿意妥协，父母就会变得非常啰唆。但是，对于孩子来说，父母啰唆就代表着还有协商的余地，所以他们会一直坚持自我。在这个过程中，父母和孩子都会情绪激动，甚至大声争执，伤害彼此的感情。如果最后父母顺应孩子的要求，向孩子的固执妥协，孩子就会认为坚持到底就能做自己想做的事，那么他们下次可能会更加倔强。

批评孩子

如果孩子一直蛮横无理，情绪激动的父母可能会怒不择言，批评孩子："你怎么总是这样！"这样批评孩子不仅不能减弱孩子的倔强，反而会伤害孩子的自尊心。因此，父母不要责怪孩子本身，应该将重点放在具体事件上。

威胁孩子

如果父母用"你再这样我就扔了"或者"再也不带你来超市了"这样的话威胁孩子，孩子会更加焦虑，从而变得更加蛮横无理。

和孩子协商

有的父母会说："如果你听话，我就给你买冰激凌。"

通过这种附加条件来与孩子协商,孩子当下会为了冰激凌而听父母的话,然后,他会期待下一次协商,期待下一个冰激凌。事实上,孩子并没有放弃倔强,而是为了条件短暂地停止倔强,久而久之,父母更加难以应对孩子的倔强与固执。

父母控制不住脾气

有的父母生气时,会忍不住大喊大叫或扔东西,甚至会打骂孩子。孩子耳濡目染,渐渐地也会变得和父母一样,这会对孩子的健康与自控力的发展产生不利影响。

父母的正确做法

快速做出决定

面对孩子的倔强,父母应该快速决定是否顺从孩子的坚持。如果会对孩子的安全构成威胁,或者之前已经规定不可以,父母应该果断拒绝;相反,如果没有什么问题,父母可以爽快答应孩子。

提前预防

如果孩子十分倔强,父母常常会面对棘手的情况,如果能够提前预防这些情况发生,父母就会轻松很多。例如,如果孩子每次去超市的玩具区,就要赖打滚,吵着要买玩具,那么父母可以干脆不带孩子经过玩具区。父母可以记下孩子会变得蛮横无理的情况,以便提前预防。

提前告诉孩子安排与计划

成年人会对突然的变化措手不及,孩子更是如此。如果孩子的压力大或者十分倔强,那么父母一定要提前告诉孩子与其有关的安排与计划,并耐心与孩子约定要好好表现。例如,如果要带孩子去看牙,父母可以提前几天告诉他要去看牙,并承诺如果能听话地接受治疗,就能得到他喜欢的奖励。如果孩子过度焦虑不安,父母也可以通过角色扮演等方式让孩子提前适应。

明确果断地回应孩子

在面对孩子的蛮横无理时,如果父母语言委婉或啰唆,孩子会觉得有回旋的余地。因此,如果父母不同意孩子的想法,就应该明确果断地说:"爸爸妈妈不同意!"

具有一致性

对于孩子的要求,如果父母时而同意,时而不同意,那么孩子就会顽强地坚持到父母同意为止。

表扬孩子

如果孩子听话,不再蛮横无理,父母一定要给予表扬,表扬其信守诺言,比上次有进步。父母的称赞是对孩子最好的奖励,也是孩子自控力发展的动力。

03 当孩子执着于依恋的物品时

在孩子正常的成长过程中,不管是毯子还是枕头,孩子都有特别执着依恋的东西。这个东西深得孩子的喜爱,能够缓解他们的不安,带给他们安全感。

孩子10个月左右时,与父母建立起亲密关系后,他们就会出现分离焦虑。在这个时期,如果孩子看不到父母,他们就会认为父母永远消失了,因此变得十分焦虑不安。这时,父母的替代品——玩具或生活用品便是他们的最爱。

依恋物品的表现

3岁左右,孩子就能明白,父母即使不在眼前,他们还是会回到自己身边的，不会永远消失。在这个时期，孩子能够接受与父母分离，并且不会执着于依恋的物品。但是，如果是容易焦虑不安的孩子、家庭不和或父母有忧郁症的孩子、主要养育者过多或频繁更换的孩子，以及和父母没有建立稳定的亲密关系、对父母回到自己身边没有信心的孩子，即使3岁以后，也会继续执着于依恋的物品。

父母的错误做法

将孩子执着的东西藏起来或扔掉

孩子越焦虑，对心爱的东西就越执着。如果父母因此强行没收或者偷偷扔掉这些东西，就会进一步刺激孩子，加剧他们的不安。没有依恋的物品的陪伴，孩子虽然不会继续执着，但是，会通过其他形式表现出不安，例如，经常抱怨，爱发脾气，变得更加敏感、倔强，睡眠质量也会降低，严重时甚至会出现分离焦虑症。

父母的正确做法

妥善保管孩子依恋的物品

在正常的成长过程中，孩子都会表现出对依恋的物品的执着。因此，父母要允许孩子把这些物品留在身边。随着孩子慢慢长大，他们对于不在眼前的父母会重新回到自己面前的信念会逐渐加强,情绪的自控力会逐渐增强,孩子对于这些物品的执着也会慢慢消失。当孩子决定可以扔掉它们的时候,就是孩子与依恋的物品分离的最佳时机。

警惕让孩子感到不安的事物

如果孩子对依恋的物品过于执着,且持续的时间很长,这意味着他们会因为某件事物而持续感到不安。为了缓解孩子的不安,父母需要注意是否有以下问题:因为自己突然消失而吓到了孩子,家庭不和或自己有抑郁症,照顾孩子的人或环境过于频繁地改变。

向孩子耐心解释依恋的物品需要清洗

孩子常常会将依恋的物品带在身边,因此这些东西需要经常清洗。但是,在清洗之前,父母需要站在孩子的角度向他们说明,例如,告诉孩子:"这个玩具太脏了,要给它洗洗澡才行。贤秀也经常洗澡对吧?它也要经常洗澡才不会生病。"清洗完以后,要将玩具晾晒在孩子能看到的地方,并告诉孩子玩具完全干了以后就不会生病了。在晾晒的过程中,父母也可以让孩子触摸玩具,感受玩具干燥的程度,以使其安心。

不能将依恋的物品带出门时要让孩子安心

有时,可能没办法让孩子带着依恋的物品出门。这时,父母不要对因此哭闹的孩子发脾气,而应该理解他们

==焦虑不安的心情,并不断鼓励孩子克服焦虑。==父母可以告诉孩子:"让它好好地待在家里,等我们回家立刻就来看它好不好?"通过这样的方式,父母可以培养孩子对焦虑的自控力。

04 当孩子易怒时

易怒的孩子有可能通过生气或烦躁来表达焦虑。孩子并不明白什么是焦虑,即使已经学会说话了,他们也不会用语言来表达自己的焦虑,只能用各种各样的行为来表达焦虑。如果父母察觉不到,孩子就无法明白自己是否焦虑,也不会知道如何克服焦虑。

所以,父母应该提前了解孩子焦虑时会出现的各种症状,以便妥善处理。孩子焦虑时会出现以下行为:

- ☐ 爱发牢骚、发脾气。
- ☐ 经常哭闹。
- ☐ 耍赖皮。
- ☐ 不愿意和父母分开。

- ☐ 胆小。
- ☐ 睡眠浅。

孩子焦虑不安的原因

孩子适度焦虑是正常的，无所畏惧的孩子会更加危险。但是，孩子如果过分焦虑，就应该找出焦虑的根源。

==有的孩子天生就容易焦虑。==孩子的性格会受到遗传因素的影响，因此家族中如果有易焦虑或重度焦虑的人，孩子更容易焦虑不安。这样的孩子如果碰到焦虑的父母，他们焦虑的程度则会加深，这一点需要父母特别注意。

不仅如此，==受环境的影响，孩子也可能会变得焦虑不安。==例如，周围环境过于混乱嘈杂，居住地、照顾孩子的人和同居人频繁更换等，都会导致孩子焦虑。

此外，==父母有焦虑或抑郁情绪，或者不能始终如一地抚养孩子，会导致孩子焦虑。=="你再这样我就不要你了"等恐吓的话会刺激孩子焦虑，过度管控孩子或过度放纵孩子会加剧孩子的焦虑。总而言之，该限制孩子的时候就果断限制，不该限制孩子的时候就让他们独立自主，这样的养育方式才是正确恰当的。

父母的错误做法

恐吓孩子

即使孩子乱发脾气,父母也不能用"爸爸妈妈不管你了"之类的话来威胁孩子。孩子不知道这并不是父母的真心话,因此,这种话只会加剧孩子的紧张与不安。

父母的情绪起伏大

如果父母根据自己的心情任意行事,孩子就会因为无法预测而感到混乱。孩子的焦虑正是来自对未来的未知。因此,在教育孩子时,如果父母能保持情绪稳定,孩子的焦虑情绪会得到有效的控制。

父母的正确做法

找到孩子焦虑的原因

找到孩子焦虑的原因并加以消除或修正是最根本的解决方法。如上文所说,引起孩子焦虑的原因多种多样,父母首先要找到原因。

与孩子共同努力

即使是天生就容易焦虑不安的孩子,只要父母能坚持为他们提供温暖稳定的环境,他们就会有所改善。虽然不会一夜之间就变好,但只要父母能够与他们一起消除不安因素，共同预测未来，孩子就不会过度感到焦虑不安。

为孩子创造可预测的环境

父母可以培养孩子稳定的意识，如睡眠意识。如果环境改变，父母应该提前向孩子说明，这样能避免孩子恐惧不安。例如，如果不得不离开孩子，父母应该提前告诉并耐心安慰孩子；如果孩子的同龄朋友要来家里做客，父母应该提前告诉孩子要与伙伴分享玩具，因为如果孩子担心玩具会被抢走，就会做出攻击性行为，无法和朋友友好相处。反复经历并克服焦虑不安，孩子的自控力就能够得到提升。

借助游戏消除焦虑

父母可以借助游戏带领孩子提前熟悉特定的情况，这样在遇到类似情况时，孩子会更容易消除焦虑。例如，孩子因为害怕而抗拒去医院，这时，如果父母假称去吃冰激凌或去儿童咖啡屋将孩子骗到医院，则会加剧孩子对医院的反感。父母可以事先带孩子玩医院游戏，让孩子练习在医院会经历的事情，并告诉孩子打针的原因。在成功打完针以后，父母还可以通过游戏和孩子沟通，聊一聊对于医院的看法，这样能够减少孩子对医院的恐惧。

树立榜样

孩子会学习模仿父母的行为。如果父母因为蟑螂而瑟瑟发抖，孩子也会对蟑螂产生同样的感觉；如果父母在接种疫苗时表现出害怕，孩子会更加害怕。同理，如果父母遇事能够沉着应对，孩子也会逐渐变得沉着冷静。

借助语言引导孩子控制焦虑

随着语言和认知能力的增强，孩子控制焦虑的能力也会增强。这时如果父母能积极地告诉孩子如何正确控制焦虑，则会事半功倍。例如，面对因为害怕而要哭出来的孩子，父母可以温和地说："你是不是很害怕？哭没有用，我们试着去战胜它好不好？"

与孩子建立稳定的亲密关系

如果父母和孩子没有建立稳定的亲密关系，不管父母如何努力，上述方法都难以奏效。稳定的亲密关系，不仅能够帮助孩子缓解焦虑，对于培养孩子的自控力也有重要作用。

05 当孩子试图摆弄危险物品时

走路和说话对于孩子来说是新奇的。过去，他们只能躺着或坐着看世界，现在终于可以亲自触摸了。于是，孩子在强烈的好奇心驱使下，通过可以独自走动的腿脚和可以自由挥动的双手，迫不及待地四处探索。他们会随时随地捣乱，随意触碰锋利或易碎的物品，一会儿想爬得更高，一会儿又想跳进水里，反反复复，精力无穷无尽。

父母保证孩子安全的同时要保护他们的自主性

好奇心旺盛的孩子一睁开眼睛就迫不及待地探索世界。对于父母来说平淡无奇的事物，在孩子看来却是令人兴奋的探索对象。通过这种独立自主的探索,孩子的大脑会以惊人的速度发育成熟,从而产生"我要做"或"我能行"的自主性,这种自主性能够增强孩子的自信心。然而,从医生的角度来看,这个阶段孩子的好奇心和探索欲望很强,并且缺乏辨别危险的能力,是孩子最容易受伤的时期。

父母在这个时期会进退两难。如果放任不管,孩子可能会受伤;如果限制孩子,又会抑制他们的自主性。因此,父母要在其中找到平衡,保证孩子安全的同时,让孩子拥有探索世界的自主性。

父母的错误做法

总是制止孩子

容易焦虑或情绪起伏大的父母,会整天将"不可以"挂在嘴边。孩子想往杯子里倒水,父母会因为怕水洒出来而加以制止。有的父母还会斥责孩子:"你在干什么?怎么弄得这么乱!"但是,孩子不过是在摆弄塑料或不锈钢制品而已,并没有什么危险。如果父母一味地制止孩子尽情探索世界,孩子的自主性就很难得到发展。

父母的正确做法

认真思考孩子的做法是否真的危险

孩子将厨房里的碗拿出来玩,把厨房弄得乱七八糟,父母在制止孩子之前,首先应该冷静思考这是否危险,放任不管会不会让孩子受伤。如果厨房没有易破碎的、可吞咽的东西,父母就可以允许孩子探索。

将危险的东西放在孩子碰不到的地方

孩子一旦拿到危险的东西,父母再去抢夺或处理就会很费力,而且孩子也可能会受伤。因此,比起事发后补救,预防才是最重要的。父母应该将易碎、尖锐和可吞咽的等危险品收起来,将插座盖好盖子,将家具的边角包裹起来,楼梯口也要用简易门挡住。孩子很喜欢往高处爬,如果将东西堆放在一起,那么孩子可能会因为东西倒塌而受伤,这一点父母也要多加注意。另外,父母绝对不能放任孩子独自靠近水边,要向孩子反复强调安全问题。

转移孩子对危险品的注意力

有时一时疏忽,孩子就会拿到危险物品,父母与其一味地抢夺,不如转移孩子的注意力,让孩子主动放手。例如,如果孩子在玩玻璃杯,父母可以给他一个画有小狗图案的塑料杯,然后说"快看,这里有一只小狗",以此来吸引他的注意。

06 当孩子表现出暴力倾向时

当孩子不得不做自己不想做的事情,或者不能做想做的事情时,他们就会生气。孩子有生气的情绪是正常的,但是,他们表达愤怒的方式往往不恰当。**当孩子生气时,父母应该教孩子学会用语言有条理地表达情绪,并培养他们控制自己情绪的能力。**

| 用语言表达情绪的原因

用行动表达情绪具有一定的危险性,如果孩子因为生气而扔东西或打人,则可能会伤害到某人或物品。父母教孩子用语言表达愤怒,对于孩子的安全是非常重要的。

行动可以瞬间发生，不需要忍耐与克制。但是，用语言表达情绪，孩子首先要学会忍耐和思考，然后才能准确地表达自己的情绪，达到目的。

父母的错误做法

父母生气时有暴力行为

如果教育孩子绝对不能扔东西，但是父母在生气的时候却乱扔东西，孩子就会迷惑到底应该怎么做；如果教育孩子不能因为生气就打朋友，但是父母却会打孩子，孩子就无法判断什么时候可以打人，什么时候不可以打人。比起听从父母的教导，孩子会不自觉地学习父母的行为，从而变得有暴力倾向。

为改正孩子的不良习惯而过分训斥孩子

有的父母为了尽快改正孩子的不良习惯，会狠狠地训斥孩子一顿。但是，不管怎么教训，孩子依然会犯同样的错误。孩子是在反复改正错误的过程中成长的，如果父母过分训斥孩子，反而会给孩子造成精神创伤。

父母的正确做法

用语言表达情绪

父母要想教会孩子用言语表达情绪，与其反复口头说教,不如自己以身作则,用实际行动教育孩子。例如,孩子在房间里玩球时打碎了花瓶,他其实能够意识到自己的错误,即使父母将怯生生的孩子大骂一顿,花瓶也不会复原。因此,父母还不如趁此机会,言传身教,用实际行动教会孩子如何正确表达愤怒。

父母可以压低声音,严肃地对孩子说:"之前你是不是答应过爸爸妈妈不在房间里玩球?但是你今天没有信守承诺,还将花瓶打碎了。你觉得爸爸妈妈现在是什么心情?是不是很生气?!"

如此,孩子在这个过程中会明白生气时该如何表达。

明确具体地告诉孩子如何表达情绪

如果父母只是简单地让孩子将情绪说出来,孩子也不知道应该说什么、怎么说。因此,父母首先应该告诉孩子情绪是什么,比如说:"因为志焕总是捉弄你,所以我们的贤秀生气了,对吗?"然后再根据孩子的语言水平,告诉孩子具体如何表达,比如说:"贤秀,如果你生气了,你可以直接说'我生气啦',这样大家才能知道你的心情。"

当孩子用语言表达负面情绪时,有的父母会手足无措,面对一个对一切都不满意的孩子,父母会十分担忧他的未来。然而,相比之下,如果孩子通过行动表达愤怒,问题则更加严重。随着孩子逐渐长大,其表达情绪的方式也会改变，因此，父母应该教育孩子学会用语言表达情绪，而非通过行动发泄。

教孩子用其他方法表达愤怒

有的孩子只有用行动来表达愤怒后，情绪才会缓和下来，比如扔或踢东西等。如果阻止他们这么做，他们就会做出其他危险的行动，比如用头撞地板。对于这样的孩子，父母可以教他们借助没有危险的行动表达愤怒。例如，当孩子生气时，可以让他们将一个柔软的玩偶扔到沙发上等安全的地方。这和随手乱扔东西有很大区别。即使再生气，孩子也要先找到指定的东西，再扔到指定的地方。如此一来，孩子的忍耐力以及其他方面的自控力都能得到培养。

反复教导孩子

成年人的行为习惯难以改变，因此有人会减肥失败、戒烟戒酒失败、工作不稳定，孩子更是如此。孩子的忍耐力不是一朝一夕就能增强的，语言表达能力的增强也不会一蹴而就，因此，家长没有必要因为孩子学不会，就感到失望沮丧。只要父母耐心地反复教导，孩子的自控力就会有所发展，错误的行为也会慢慢得到改正。

07 当孩子大小便失控时

婴儿饿了会哭,冷或热了也会哭,要区分婴儿想表达的意思,父母需要长时间照顾与观察婴儿。当婴儿因为尿布湿了而哭的时候,给婴儿换尿布,婴儿就能区分湿尿布的不适和干尿布的清爽;当神经系统发育成熟后,婴儿就能区分便意和外力按压的感觉。让孩子去卫生间大小便,能够锻炼他们对括约肌的控制能力,久而久之,他们忍耐到卫生间再方便的能力也会增强。

但是,无论是在幼儿园,还是在小学,都有孩子无法控制大小便。这让以为孩子已经能够独立排便的父母惊慌失措。

孩子大小便失控是培养自控力的机会

即使是能够到卫生间去大小便的孩子,忍耐力也不像成年人那样强。成年人有感觉时,如果附近没有卫生间,能够忍耐一段时间。但是,大部分孩子都无法忍耐。

即使父母已经让孩子进行了排便训练,但是,孩子的情况不同,排便训练需要的时长也不同。排便训练是培养孩子控制自己身体的过程,因此,父母应该根据孩子的自身情况,观察孩子是否做好了充分的准备,然后再培养孩子的自控力。

父母的错误做法

强行让孩子进行排便训练

孩子的自控力并不是孩子有了意识就能立刻培养出来的。随着孩子逐渐长大,这些问题会自然而然地解决。因此,父母不必强求孩子立刻控制好大小便。如果孩子的身体条件还不充分,父母便强行让孩子进行排便训练,孩子会因为失败而产生挫败感,失去发展自控力的动力。

责怪孩子

孩子并不愿意大小便失控,他们害怕被朋友嘲笑,也想像成年人一样完全控制自己。但是,孩子的身体还没有做好准备，因此会有失败的时候。这时，如果父母指责孩子，孩子会更加沮丧，失去自信；如果父母对孩子的大小便做出厌恶的反应，孩子就会认为父母在讨厌自己，从而感情受到伤害。

父母的正确做法

表扬努力忍耐的孩子

对于孩子来说，控制大小便是比较困难的事情。如果孩子的脸变得通红，或者表情改变，或者踌躇不前，或者蹲在某个角落，这就证明孩子正在努力忍耐。这时，父母要对孩子的努力与忍耐提出表扬。

陪孩子进行排便训练

在排便训练过程中，如果父母单方面行动，孩子就会产生逆反心理。父母应该让孩子参与排便训练的全过程。例如，父母可以询问孩子"厕所离得有点远，要不要忍一忍呢？"，并且尊重孩子的意愿。

教孩子做好善后处理

排便的最后一步就是善后处理。如果便后不擦拭干净就四处走动，会把便弄得到处都是，并产生异味。因此，父母要耐心教会孩子善后，并养成便后洗手的好习惯。

父母要培养自身的自控力

养育孩子是一件幸福的事情，孩子就是父母的快乐源泉，但是，这也是十分复杂困难的事情。为了能将孩子培养好，父母自身的自控力也十分重要。

父母培养自控力的原因

孩子会边看边学

如果教育孩子不能乱扔东西，而父母却在生气时乱扔东西，那么孩子并不会听从父母的话，而是会模仿父母的行为。可以说，孩子就是父母的镜子。如果想知道孩子为何会做出那样的行为，父母可以反思自己的行为。在日常生活中，孩子会不自觉地边看边学，模仿父母的行为做事。因此，要想培养孩子的自控力，父母首先要培养自己的自控力。

能够始终如一地教育孩子

父母需要做很多事情，不仅要照顾孩子吃、穿、睡，教育孩子，还要兼顾职场工作并维持生计，照顾自己和其他家庭成员。要做好这些事情，父母必须具备自控力，并且明确应该做什么、为什么做、怎么做。当要做的事情很多时，父母需要确定做事的先后顺序，果断且灵活地处理。不仅如此，父母还要照顾好自己的情绪，即使失败了，也不要气馁，要鼓励自己勇敢面对。

能够做到这一切的父母都具备良好的自我效能感。有自我效能感的父母能够始终如一地教育孩子。反之，则很容易摇摆不定，对于孩子同样的行为，昨天允许，今天又反悔说不行。这样，很难培养孩子的自控力。只有具备自我效能感，父母才能始终如一地教育孩子，从而培养孩子的自控力。

能够培养自己解决问题的能力

在养育孩子时，父母每天都会面对新的问题和状况。在解决问题的过程中，父母很可能会犯错，如果不能吸取教训，父母便会重蹈覆辙。因此，在错误中反思自己，积累经验，十分重要。在此过程中，不论是控制情绪解决问题，还是通过失败积累经验，都需要自控力做支撑。因此，为了成为优秀的父母，具备解决问题的能力，父母必须培养自控力。

父母培养自控力的方法

确定目标

在解决问题时，父母能够自主决定如何应对。但是，不论父母如何决定，都必须先确定目标，才能采取相应的行动。例如，吃完晚饭收拾餐桌时，孩子将果汁洒到了父母心爱的衣服上。孩子意识到了自己的错误，正忐忑不安地看着父母。对此，父母可选择的处理方法有很多：

立刻清洗衣服，以免留下污渍。

教育孩子不能把果汁洒在衣服上。

安抚受惊的孩子。

愤怒地对孩子说："你干什么！"

除此之外，还有许多其他选择。如果觉得衣服重要，可以选择洗衣服；如果觉得孩子的心理健康重要，可以安抚受惊的孩子；如果十分生气，可以选择愤怒地对孩子说话；如果觉得这是个好机会，也可以选择教育孩子。不同的父母会有不同的选择，这些选择并没有对错之分。但是，父母如果不能控制情绪，没有目标地盲目行动，就会出现问题。因此，为了培养自控力，父母应该养成提前确定行动目标的习惯。

对行动进行自检

一旦确定了目标，父母就应该随时反省并检查自己的行动是否与目标相符。例如，如果确定的目标是避免衣服留下污渍，但父母却对孩子大喊大叫，这就是不相符的行动。如果父母确定了两个及以上目标，就需要确保自己正在按部就班地或同时采取了相符的行动。例如，父母为了衣服不留下污渍，并且让孩子情绪稳定，可以一边清洗衣服，一边温柔地安抚孩子。

即使目标确定好了，如果行动与目标无关，结果自然也不能如愿。因此，父母需要不断训练自己，对自己的行动进行自检。

执行目标

即使确定了目标，如果不执行目标，目标就如同摆设。虽然采取与目标无关的行动是严重的问题，但是，什么都不做问题也很严重。例如，如果父母的目标是让孩子吃各种各样的食物，那么，父母应该用各种各样的食物来准备辅食。一旦确定了目标，父母就应该确定如何执行目标。

总结评价

父母需要对自己的行动进行总结评价，内容包括自己的行动是否符合目标、目标是否实现、是否按照目标执行、是否执行了却没有实现目标等。

如果未能实现目标，父母需要找到原因。例如，如果父母想用各种各样的食物准备辅食，但是没有执行，这便是没能实现目标的原因。根据结果，父母可以选择继续坚持目标，也可以选择确定新的目标，重新制订执行计划，再次发起挑战。例如，如果将目标定为"喂多种多样的食物"太过笼统，那么，父母可以把目标调整为"这周要将胡萝卜泥和辅食混在一起喂宝宝吃"。

奖励自己

如果进展顺利，父母可以适当奖励自己，不必非要在实现目标以后才奖励。在确定目标、自检行动、执行目标、评价目标、制定新目标时，付出的努力是值得奖励的。在这个过程中，父母的自控力能够有所增强。因此，即使完成得不好，也不要感到愤怒和沮丧，要及时奖励自己。真正好的父母并不是事事完美的父母，而是能够不断努力的父母。

第 5 章

培养自控力的第二阶段:区分该做与不该做的事情

孩子随着不断长大，会渐渐形成自我意识，能够根据性别、年龄和特征来区分自己与他人。例如，他们会通过"我6岁了""我是女生""我喜欢纸杯蛋糕""我不害怕打针"等方式描述自己。像这样有积极自我意识的孩子具有较强的自尊心。

随着语言表达能力的增强，孩子通过语言进行自我调节的能力也会有所增强。他们能够通过"我能忍耐"等话语来激励自己，减少对打针的恐惧感。

等到孩子进入幼儿园或者小学，开始集体生活以后，他们的社交能力也会有所发展。他们能够和朋友一起分享玩具和零食，变得更加体贴、谦让，并且忍耐力更强。另外，随着想象力的丰富，他们能够在角色扮演中增强共情能力，在遵循规则中增强自制力，在收拾玩具中培养整理和组织的能力。

不仅如此，在这个时期，孩子的时间观念会快速建立。如果太早去幼儿园，孩子会发现不开门或者没有朋友，他们会觉得无聊；如果迟到，孩子会发现朋友已经开始玩耍了，自己可能错过了有趣的活动。管理时间的能力对于孩子未来的学习以及适应社会都具有重要作用。

随着积极的自我意识、运用语言调节情绪的能力、遵循规则的自制力、整理和组织能力、时间观念的形成与发展，孩子的自控力会越来越强。

08 当孩子消极评价自己时

孩子随着不断成长,开始积极地区分自己和他人,同时会塑造自我形象。如果父母经常用爱哭鬼、小气鬼、胆小鬼、赖皮鬼、不良少年、惹祸精等负面词语称呼孩子,孩子就会相应地产生消极的自我意识。

相比自认为爱哭的孩子,认为自己忍耐力强的孩子能够更加积极地调节情绪;相比自认为渺小卑微的孩子,认为自己强大优秀的孩子能够有更多正确的行为。

不仅如此,孩子的自我意识与自尊心关系密切。==积极的自我意识能够塑造较强自尊心,自尊心强的孩子进行自我调节的积极性也会较高。==因此,父母应该帮助孩子积极评价自己。

积极评价孩子的必要性

有一种社会心理效应叫皮格马利翁效应,意思是周围的人说你做得好你就会做得更好。因此,如果父母能积极评价孩子,孩子就会做得更好。反之,孩子就会产生消极的自我意识,自尊心减弱,从而消极做事。

在这个时期,孩子的自我意识十分强烈,受父母言行举止的影响也很大。父母如何评价孩子,他们就会产生相应的自我意识。

父母的错误做法

消极称呼孩子

父母不能因为孩子爱哭、爱耍赖、总是犯错误,就给孩子起爱哭鬼、赖皮鬼之类的消极称呼。即使其中有宠爱的含义,也会影响孩子的积极成长。

指责孩子

有的父母在训斥孩子时,会说:"你怎么每天都这样!""你真是什么都做不好啊!"听着这样批评长大的孩子会产生消极的自我意识,认为自己一无是处。不仅如此,父母如此批评孩子,孩子无法明确自己犯了什么错误,因此很可能会再犯同样的错误。

父母的正确做法

积极称呼孩子

人无完人，孩子也同样如此，兼具优点与缺点。因此，为了让孩子积极健康地成长，父母要善于发现孩子的优点，积极地称呼孩子。例如，将凌晨起床玩玩具的孩子称为"勤劳的小蜜蜂"，把叽叽喳喳说话的孩子称为"故事宝库"，这样，孩子就会形成积极的自我意识。

批评孩子的错误行为

批评孩子和批评孩子的行为有很大差异。例如，孩子玩耍时把帽子落在了游乐场，父母如果说"你怎么总是丢三落四的"，就是在指责孩子；如果说"你应该戴好帽子"，就是在批评孩子这次错误的行为。指责孩子，孩子会觉得自己一无是处，从而产生消极的自我意识。因此，在批评孩子时，父母应该批评孩子的错误行为，使其明白自己错在哪儿。

09 当孩子不分场合乱说话时

　　一天,父母带周浩逛超市,看到收银员时,周浩大声说道:"阿姨,你真胖啊!"收银员一时神色慌张,但仍然笑着说"是啊,你妈妈很苗条,真好",想以此来消除尴尬。但是,周浩仍不停嘴,说道"我爸妈也有大肚腩",父母哭笑不得,只得匆忙带着周浩离开超市。对于如何教育周浩,纠正他的行为,父母十分苦恼。

　　周浩之所以会不分场合乱说话,主要有两个原因:一个原因是,周浩还没有充分意识到自己与他人的不同,他并不知道自己的话会让他人感到羞愧或生气;另一个原因是,虽然知道是不该说的话,但周浩还是控制不住说出来。

　　因此,要想让孩子分清什么该说,什么不该说,父母

就要培养他们的忍耐力和理解体谅他人的共情能力。==父母应该教育孩子说话时要照顾他人的情绪，从而培养他们的自控力。==

教育孩子说话要有分寸的必要性

如果孩子还是幼儿，不分场合地胡乱说话，周围人还会因为他还小而不计较。但是，如果 10 岁的孩子直言不讳，到处说"老师很胖"或"你怎么那么丑"之类的话，他是不会受到欢迎的。要想与周围人好好相处，孩子就要懂得避免冒犯听者。只有学会如何说话，才能和谐地与人相处。

即使孩子还无法判断什么该说，什么不该说，父母也应该给予关心和耐心的指导。父母应该告诉孩子对方的心情，并引导孩子学会换位思考。只有这样，孩子才能学会说话的技巧，懂得说话要有分寸。

父母的错误做法

替孩子找借口

有的父母会以"孩子还小"或"诚实可贵"为借口替孩子脱身。虽然诚实坦率是很好的特性，但是不能不顾及对方的心情而直言不讳。如果孩子过分坦率，就会变得没有礼貌，并且，父母允许孩子随意说想说的话，其实并不是为孩子好。孩子也是人，也会说出无礼的话，因此，父母应该教导孩子控制自己的言行，学会体谅他人。

过分批评孩子

有的孩子并不知道自己的话会伤害他人，这时，如果父母过分指责，孩子会因为不安而变得消极或不敢说话。

只告诉孩子他做错了

有的父母会说："你在那里说这种话是不对的。"这样教育孩子毫无用处。因为，这样虽然能够告诉孩子他的行为是错误的，但是，孩子并不知道为什么是错误的，也不知道应该怎么办，下次仍然还会再犯错。

父母的正确做法

让孩子明白语言的影响力

孩子并不知道话语能让人高兴或生气，因此，父母要告诉孩子语言的影响力。例如，"上次在游乐场，你说小朋友是胆小鬼，他会很难过的"，或者"阿姨听到你说她胖，她会很伤心的"，诸如此类，孩子就会逐渐理解自己的话具有改变他人心情或想法的力量。

告诉孩子话语代表他的形象

父母可以告诉孩子:"如果你说话时能考虑他人,大家就会认为你是个好孩子。相反,如果你总说别人的坏话,大家就会认为你是个坏孩子。如果你想让大家夸你是个好孩子,你说话时就要考虑他人的心情,不能想说什么就说什么。"

反复教导孩子

孩子不是一教就能学会如何说话的,因为孩子需要具备理解他人的共情能力、把握情况的判断力和控制说话欲望的自控力,这并不能一蹴而就。只有父母耐心教导,以及孩子反复练习,这些能力才能得到发展。

10 当孩子说谎时

星期一傍晚,父母到幼儿园接孩子回家,老师和父母寒暄道:"听孩子说你们昨天去游乐园了,玩得很开心吧!"然而,事实是周末因老二生病,全家人哪里都没去成,只能待在家中,孩子却说他去了游乐园。

孩子有时会把不存在的事情说成真的。这是因为他们具有丰富的想象力,有时无法区分事实与想象。这和为了欺骗对方而说谎是不一样的。面对这样的孩子,父母如何培养他们的想象力与自控力呢?

培养孩子想象力的必要性

遇到问题时，想象力丰富的孩子能想出更多的解决方法。另外，自控力也不仅指忍耐力，还包括主动解决问题的能力。因此，想象力丰富的孩子自控力也较强。

父母的错误做法

因为说谎而训斥孩子

没去过游乐园孩子却说去过了，没吃过猪排孩子却说吃过了，父母认为这样的孩子是在说谎，于是便斥责他："你什么时候去过游乐园？你不能撒谎！"因为父母的不理解，孩子天马行空的想象力便会瞬间被扼杀。

不要冷酷地告诉孩子现实

有的父母担心孩子这样长大后会变成骗子，于是便冷酷地告诉孩子现实："你从来没去过游乐园，你不能撒谎说去过一个你从来没有去过的地方！"这样只会将孩子封锁在狭小的现实世界里。

孩子想象力的丰富与贫乏与其知识储备成正比。虽然他们现在想象的是去游乐园、吃猪排，但是，随着知识的积累，他们的想象可能会变成新的科学发现。因此，不要抑制孩子的想象力。

父母的正确做法

不过分担心

孩子五六岁时,常常会混淆想象和现实。但是,随着时间的推移,他们自然而然就能够将想象和现实区分开来。研究结果显示,想象力越丰富的孩子长大后越能区分想象和现实。因此,父母不需要对此过于担心。

让孩子更好地发挥想象力

即使孩子说话天马行空,父母也要认真倾听,不要反驳。只要父母愿意,孩子就会兴奋地将想象的故事全部分享给父母。

在倾听的同时,父母也可以参与进来,让孩子更好地发挥想象力。例如,父母可以问:"你去游乐园做了什么?"这样,孩子又会想象出新的故事,从而培养出更丰富的想象力。

引导故意说谎的孩子说实话

如果孩子不知道话语的影响力,他们就无法知道自己与他人的想法不同,并且无法理解自己说谎,会对他人的想法和行为产生影响。因此,如果孩子故意撒谎,父母要明确告诉孩子后果。例如,父母可以对孩子说:"如果你对好朋友说谎,他会很伤心的。"

11 当孩子只吃零食时

有时,孩子会为了吃垃圾食品而耍赖,父母却担心会伤害他们的健康而不让他们吃,因此,父母与他们常常产生矛盾。如果孩子从小养成了不好的饮食习惯,长大后可能会因肥胖或成人病而深受困扰。不仅如此,==暴饮暴食、偏食、吃高热量或低营养的食物,会导致孩子对饮食的自控力下降。==

养成良好饮食习惯的必要性

赵宥娜和崔允以韩国某城市幼儿园中的 216 名孩子为对象,研究了孩子的饮食习惯和自控力的关系。研究发现，孩子的自控力与饮食习惯密切相关，且受饮食习惯的影响较大。因此，父母要保证孩子每天按时吃饭，营养均衡，细嚼慢咽，从而培养孩子的自控力。

父母的错误做法

在家里囤积零食

父母肯定十分清楚高热量、低营养的食物对孩子的健康有害，但还是会因孩子喜欢而买回家。孩子看到就想吃，父母只能买得更多，从而形成恶性循环。

饮食不规律

成年人减肥时，通常会选择不吃饭，然而不吃饭容易导致暴饮暴食。这种情况反复出现，我们的身体就无法产生适度的饱腹感，最终导致饮食障碍。

孩子也同样如此。如果不规律地进食，孩子就会暴饮暴食；如果刚吃完东西不久又要吃饭，孩子就会不想吃。如此一来，孩子很难自觉养成适当进食的习惯。

父母具有不好的饮食习惯

如果父母爱吃对身体有害的高热量、低营养的食物，那么他们很难教育孩子健康饮食。孩子也会模仿父母的行为，父母不好的饮食习惯很可能会成为孩子的饮食习惯。

将有害于健康的零食作为奖励

获得奖励能够让孩子兴奋快乐,但是,如果将巧克力糖或炸鸡这样又甜又腻的零食作为奖励,孩子就会认为这些食物是好的食物,可以多吃。

父母的正确做法

和孩子一起健康饮食

父母饮食健康,孩子就容易养成良好的饮食习惯。父母可以当着孩子的面,吃他们不喜欢的但是有益于健康的食物,并吃得津津有味。孩子就会因为好奇而尝试吃一口,下次与父母一起吃这种食物的可能性也会增加。

让孩子发挥自主性

有时孩子不想吃,父母却硬往孩子嘴里塞,这反而会妨碍孩子在饮食方面自控力的发展。因此,父母应该让孩子发挥主动性,由其自己决定吃什么、吃多少。

饮食规律

按时且适量饮食是良好的饮食习惯。要想让孩子产生适当的饱腹感,有规律地饮食很重要。父母在培养孩子饮食规律的同时,孩子对饮食的自控力也会得到发展。

不买垃圾食品

孩子一旦喜欢上吃垃圾食品,便很难戒掉。因此,父母可以干脆不让孩子接触垃圾食品，尤其是高热量、低营养的食物更不能出现在孩子面前。父母可以参考包装袋背面的成分表，来判断食品是否有害健康（在韩国，高脂肪或高热量的食物会被标记为红色）。

12 当孩子不能独自玩耍时

孩子能在玩耍中成长。能够玩得好，他们的运动能力、认知能力、语言能力、社交能力以及创造力都会得到发展。尤其在小学低年级阶段，孩子具有丰富的想象力，再加上他们常常进行各种各样的角色扮演，想象力变得更加丰富。不仅如此，孩子还会编写并导演剧本，自律性、独立性以及解决问题的能力都能得到锻炼。这些能力共同组成了自控力，以支撑孩子成年后独立自主地生活。

就像只有营养均衡的孩子才能茁壮成长一样，只有游戏与活动多种多样，孩子才能全面发展。有的孩子一独处，就会抱怨无聊，这样不利于孩子的健康发展。因此，父母需要教孩子学会自己玩耍。

教孩子独自玩耍的必要性

孩子无法独自玩耍，是因为他们并不知道要玩什么，怎么玩才有趣。==要想让孩子学会独自玩耍，并找到乐趣，父母需要培养他们的自主性、独立性和创新性，使孩子明白自己做什么能感到快乐。==这样，孩子没有朋友时，他们也不会感到焦虑。

父母的错误做法

剥夺孩子独自玩耍的机会

孩子玩耍时，父母往往会过多干涉，告诉他们玩什么、怎么玩，有的还会通过"这样试试"或"这是什么"等指令或问题来干扰孩子。孩子因此难以投入游戏中，渐渐失去兴趣，最终失去独自玩耍的能力。

认为学习比玩耍更重要

有的父母并不知道游戏对孩子能力发展的重要性，认为孩子玩耍是在浪费时间。如果孩子正在玩耍，父母就会催促他们学习，使孩子失去了许多独自玩耍、学习和发展的机会。

不关心独自玩耍的孩子

孩子独自玩耍时，父母总是忙于其他事情，只有当孩子提出让父母陪伴的时候才会关心他们。这时父母会认为孩子不会独自玩耍，但事实上，孩子只是想得到父母的关心而已。因此，面对孩子的请求，父母一定要尽可能地配合。

父母的正确做法

做孩子的观众

父母不能干涉孩子玩耍的自主权，应该让孩子自主决定玩什么、怎么玩，而父母只需要扮演观众即可。父母可以一边看着孩子玩耍，一边烘托气氛。这对于父母来说或许很无聊，但是，如果父母能够持续关注孩子，孩子就会逐渐掌握独自玩耍的方法。

与孩子约定好一起玩耍的时间

比起独自玩耍，有的孩子更喜欢和父母一起玩。但是，父母也有自己的工作，无法一直陪伴孩子。这时，父母应该提前和孩子约定好时间。例如，约定晚上 8:00—8:20 可以和爸爸妈妈一起玩。在约定的时间里，父母需要专心地和孩子一起玩耍。

事先约定好时间，孩子就能够学会忍耐，耐心等待约定时间的到来。到时候父母不要违背与孩子的约定，一旦违约，孩子就不再相信父母的承诺，而会整天缠着父母陪自己玩。

关注和表扬独自玩耍的孩子

孩子独自玩耍时,有的父母会做别的事情,等到孩子让父母陪自己的时候,才去关注孩子。久而久之,为了能得到父母更多的关注,孩子就会经常缠着父母。如果父母平时能够随时关心孩子,特别是孩子独自玩耍时,能够给予关注,孩子也就不会因为缺少关注而耍赖皮、缠着父母了。父母简单地称赞一句"我们贤秀自己玩得真好啊",或者温柔地与孩子进行身体接触就足够了。

13 当孩子欺负弟弟时

随着弟弟的出生,父母对于孩子的关心会相对减少,关系也相对疏远。孩子如果不小心把弟弟弄哭了,就会被父母训斥;不听话的弟弟也会不小心将孩子心爱的玩具弄坏。因此,对于孩子来说,弟弟有时是令人讨厌的存在。

但另一方面,在无聊时,弟弟会成为一起玩耍的朋友,也会成为自己的小跟班。所以,孩子也会照顾弟弟,并因此得到长辈的称赞。

兄弟姐妹的关系取决于父母

如果因为弟弟而挨训,孩子就会讨厌弟弟;相反,如果因为弟弟而得到奖励，弟弟就会成为珍贵的存在。由此可见，父母对于兄弟姐妹的关系起重要作用，孩子对于弟弟的态度，取决于父母的所作所为。孩子能够照顾弟弟，并和弟弟玩得很好，此时如果父母能多多表扬和关注，孩子就会更加珍惜弟弟，和弟弟的关系也会变得更好。

==要想孩子和弟弟友爱相处，父母要培养孩子的自控力，使他们学会谦让、体贴、照顾、有忍耐力等。==事实证明，和弟弟关系好的孩子，自控力也会更强。

父母的错误行为

无视孩子与弟弟的矛盾

有的父母认为孩子就是在打闹中长大的，因此对兄弟姐妹的矛盾视而不见，放任不管。然而，如果父母不加以管教，兄弟姐妹间的关系只会渐渐疏远，孩子也永远无法学会如何用语言解决矛盾，更不知道应该相互谦让，和平共处。因此，父母应该介入其中，让他们明白对错。

偏袒弟弟

因为弟弟弱小，父母便总是偏袒弟弟，训斥孩子，虽然眼下的问题似乎解决了，但是，这会让孩子感到委屈，并且对弟弟产生警戒心。长此以往，冲突可能会在下次加倍爆发出来，又或者孩子会在父母看不到的时候欺负弟弟。

孩子玩得好时放任不管，吵架时却严肃训斥

有的父母在孩子和弟弟玩得很好的时候，没有任何反应，等到孩子和弟弟吵架了，这才过来进行批评教育。这样，孩子对于父母生气的样子会记忆深刻，导致孩子想起弟弟时，更多的是不愉快的记忆。

父母的正确做法

积极调解孩子间的矛盾

对于因玩具而产生的矛盾，父母可以制定规则来分配数量有限的玩具，例如，规定孩子按先后顺序玩，或者告诉他们再因此而吵架的话一整天都不能玩玩具。

对于父母来说，可能玩玩具并不是什么大问题，但是，对于孩子来说，他们并不知道如何协调意见，解决矛盾。因此，父母需要告诉他们解决方法。看到父母冷静解决问题的过程，孩子也能从中学到很多。

引导孩子为弟弟做些值得称赞的事

如果孩子因为和弟弟吵架而挨骂，那么孩子和弟弟很难和睦相处。因此，为了增进孩子与弟弟的关系，父母可以引导孩子多为弟弟做些值得称赞的事。例如，有零食时，父母可以先给孩子，引导他与弟弟分享，然后对乐于分享的孩子给予表扬和奖励，这样，他就能慢慢学会和弟弟友好相处了。在这个过程中，孩子的自主性和责任感得到提升的同时，自尊心也会增强。

教孩子保存好自己喜爱的东西

为了不让弟弟将孩子喜爱的东西弄坏，父母可以提前告诉孩子将这些东西保存在弟弟看不到、摸不着的地方。这样不仅能够培养孩子的预测能力，还能提升其管理私人物品的能力。

14 当孩子无法表达自己的需求，总是发牢骚时

有的孩子不会用语言表达自己的需求，只会发牢骚、抱怨。如果孩子一直哼哼唧唧，父母虽然知道孩子心里不舒服，却不知道孩子究竟怎么了。对于父母来说，弄明白孩子的需求或不舒服的原因，是一件困难的事情。

爱发牢骚的孩子很难受到同龄人和老师的欢迎，他们大多会给周围人留下消极的印象。要想孩子能够与人相处融洽，善于沟通，父母应该教孩子学会控制情绪。

父母的错误做法

因为孩子发牢骚而大发雷霆

有的父母教育孩子要好好说话，自己却总是冲动易

怒，尤其是当孩子发牢骚时，父母总是会控制不住情绪，向孩子发脾气，这样只会引起孩子更多的抱怨。父母应该冷静地教孩子将内心的想法表达出来，然后耐心等待孩子的情绪平复。

只有孩子发牢骚时才会加以关注

当孩子认真表达自己的内心想法时，有的父母不以为然，敷衍了事，等到孩子不得不发脾气抱怨时，才会去关心孩子。久而久之，孩子就会意识到，如果好好说话，即使说到嗓子痛也没用；但是，如果发脾气，爸爸妈妈就会马上有反应。这反而会强化孩子发脾气、发牢骚的行为。因此，当孩子好好说话时，父母应该给予关注并认真倾听。

父母的正确做法

找到孩子发牢骚的原因

孩子发牢骚的原因有很多。比如，孩子状态不好，因为感冒或拉肚子而身体不舒服时会发牢骚；孩子发现只有发牢骚时父母才会答应自己，因此孩子不能如愿时会发牢骚；孩子被迫做自己不想做的事情时也会发牢骚。父母需要找出具体原因，然后有针对性地教孩子正确的做法。

孩子好好说话时给予关注

孩子不听话时，有的父母会斥责孩子："好好和你说话的时候你不听，非得让我发火是吧？"孩子也同样如此。在他们认真表达自己的想法或需求时，父母毫不在意，他们没有办法，只能发牢骚。因此，当孩子好好说话时，父母应给予关心，让孩子明白没有必要发牢骚。

告诉孩子发牢骚没有用

如果不喜欢孩子发牢骚，父母应该让孩子知道发牢骚是没用的。父母可以在孩子发牢骚时，听而不闻，并且告诉孩子："爸爸妈妈不听哭闹的孩子说的话。如果你好好说，我们就会听。"如果孩子继续发牢骚，那就继续无视孩子，做自己的事情；如果孩子能够尝试调节自己的情绪，父母应该给予关心并称赞他们。

果断应对孩子的要求

父母不能因为不想听或害怕丢人，就向正在发牢骚的孩子妥协。孩子好好表达自己的需求时，如果没有什么问题，父母应该果断地答应孩子；如果是不能答应的要求，即使孩子哭闹、耍赖，父母也不能答应。在这个过程中，孩子会发现哭闹、抱怨没有任何作用，并且能够学会如何在交谈时控制情绪和正确交流。

15 当孩子吃饭随意走动时

每个人吃饭的习惯是不同的。有的人喜欢一起吃饭,而有的人则喜欢独自吃饭。饭桌上,会有形形色色的人,有将饭桌弄得乱七八糟的人,有说话时喷口水的人,有只知道玩手机的人,有吃完后连客套话都没有便匆匆离开的人,也有吃饭非常磨蹭的人。对于这些人,吃过一两次饭后,大家就不想和他们一起吃饭了。由此可见,如果想培养孩子的社会性,父母要教孩子用餐礼仪。

为了让孩子能够安静地坐着吃饭,不被有趣的事物吸引,到处乱跑,父母应该培养他们调节冲动的能力。对于不贪吃的孩子来说,坐着吃饭是非常无聊的事情,因此,如果要让孩子坐在座位上吃饭,就需要让他们忍耐这种无聊。吃饭时，为了让孩子不把饭菜弄得到处都是，就要培养他们的运动调节能力。要让孩子保持正常的吃饭速度，就要培养他们观察周围、管理时间的能力。父母还要培养孩子自我调节和控制吃什么、吃多少的能力，这样才能保证孩子摄取均衡的营养，并且避免暴饮暴食。另外，父母还要培养孩子一边吃东西一边进行人际交往的能力。这些自控力，都是孩子具有良好用餐礼仪的必备能力。

让孩子和大家坐在一起用餐的必要性

成年人有时会在地铁里吃东西，也会在工作或学习时吃东西，但是为什么要教孩子和大家坐在一起吃饭呢？

成年人会因为特殊情况而走动着吃饭，但是，在需要与人相处、一起吃饭的时候，他们能做到和他人坐在一起用餐。虽然成年人可以根据情况调整用餐行为，但是，孩子却不能，他们还没有能力来主动和大家坐在一起吃饭。如果不培养孩子的这种能力，即使在聚餐等必须坐在一起吃饭的情况下，孩子也会到处走动，使食物掉落得到处都是，甚至使自己或他人受伤。这样的孩子不会受到老师和其他小朋友的喜爱。因此，父母应该从小培养孩子与大家坐在一起吃饭的习惯。要想避免孩子在就餐时惹出麻烦，父母还应该在孩子小学入学前就训练其在规定的位置上就座,并在规定的时间内吃完饭。

父母的错误做法

跟在孩子身后喂饭

有的父母会因为孩子不爱吃饭,就跟在孩子身后喂。孩子吃了一口,马上跑去有玩具的地方,父母只好跟在后面。如此一来,让孩子吃饭仅仅只能保证孩子的营养均衡,他们的忍耐力、时间观念、吃饭的专注力、社交能力以及拿勺子吃饭的运动调节能力都得不到培养。

吃饭时给孩子看电子设备

有的父母为了让孩子乖乖坐着吃饭,会用电子设备给孩子放动画片看,久而久之,便会出现问题。孩子本应该专注于食物,并且自主决定吃什么、吃多少,在某些社交场合,他们还能培养自己参与对话的自控力。然而,如果孩子沉迷于电子设备,这些自控力便很难得到培养,并且会养成吃饭时看电子设备的习惯。等孩子在学校或工作时,如果吃饭时没有手机,他们就会觉得十分无聊,又因为他们缺乏必要的自控力,周围人也不会愿意与他们一起吃饭。

父母经常站着吃饭

孩子会模仿父母吃饭时的行为。偏食的孩子看到父母吃得津津有味的样子，会对食物产生好奇心，尝试着接受各种食物。如果父母在吃饭时常常站着，或随意走动，孩子也会学着父母的样子，无法安静地坐着吃饭。因此，父母应该为孩子树立榜样，引导孩子养成良好的用餐习惯。不仅如此，孩子和父母坐在一起吃饭，还能学到很多东西。

父母的正确做法

让孩子专注于吃饭

吃饭时，父母应该尽量避免让孩子分心，可以将电视机关掉，不让孩子将玩具带到餐桌上等。

让孩子在餐桌上用餐

有的父母有时让孩子在客厅的沙发上吃饭，有时让孩子在茶几上吃饭，这样经常更换用餐场所，孩子就会因为不习惯而难以集中精力吃饭。因此，父母应该让孩子在固定的地方吃饭，养成良好的用餐习惯。

让孩子快乐地吃饭

孩子吃饭时，父母可以尝试用各种方法来帮助孩子摆脱无聊感。例如，做孩子喜欢的食物，将食物摆成有趣的形状，使用可爱的餐具等，这样孩子更愿意和大家坐在一起用餐。

16

当孩子无法耐心坐在书桌前时

如果孩子喜欢读书、画画,却不愿意坐在书桌前,家长需要重视。对于这样的孩子,有的父母认为孩子爱读书是好事,便放任孩子趴在客厅沙发上看书。

这样是不对的。如果是有趣的书,即使姿势不舒服,孩子也愿意看;但是,如果是做无聊的数学题,孩子就无法坚持了。不仅如此,不正确的姿势还会导致孩子的脊椎出现问题。

让孩子坐在书桌前的必要性

人的习惯很重要,我们会不知不觉地养成习惯,然后按照习惯自然而然地行动。在诊疗时，医生往往会建议有进食障碍的患者养成在餐桌上吃饭的习惯，这是因为当患者习惯于在餐桌上吃饭时，暴饮暴食的倾向就会减弱。在为有睡眠障碍的患者诊疗时，我也会建议他们养成良好的睡眠习惯，不要在床上看书或玩手机。

同样，==在孩子入学前，父母应该让他们养成良好的饮食和睡眠习惯，并且要尽快培养他们在书桌前看书、学习的习惯。==

父母的正确做法

为孩子定制书桌

如果条件允许，父母可以根据孩子的身体条件，为他们量身定制一张合适的书桌。如果孩子坐在书桌前做事，父母应该给予表扬；但如果孩子趴着或躺着看书，父母则应该教育他们不能这样。

让孩子对书桌产生积极的感情

对于孩子来说，独自坐在书桌前看书可能会很孤独、无聊，因此，一开始父母可以坐在孩子身边，陪他们看书。

另外，父母还可以陪孩子在书桌上进行各种娱乐活动，比如画画和折纸。这样，孩子会觉得坐在书桌前很轻松愉快，从而会喜欢坐在书桌前。

培养孩子对小肌肉的调节能力

孩子用手绘画、折纸、做手工、拼积木等,都能锻炼其对小肌肉的调节能力。因此,为了能让孩子愉快地做这些活动,父母可以在书桌上放好胶水、剪刀、画纸、彩笔、蜡笔、积木等用具。

17 当孩子害羞时

大多数孩子在陌生人面前都会表现出不同程度的害羞。在陌生的环境中,每个人都会感到不安,害羞就是不安的表现。孩子可能会对自己的害羞和不安感到惊慌失措。

孩子害羞是正常的现象。任何一个孩子,在任何时候,都有可能感到害羞。只要能够学会控制和克服害羞与不安,孩子就会健康成长。

孩子在陌生人面前表现得害羞腼腆,父母应该将其视作培养孩子的机会。父母可以阶段性地引导孩子克服害羞与不安,教孩子学会调整自己的情绪,勇敢面对新的环境与问题。

孩子克服害羞的必要性

孩子想和其他小朋友一起玩,但又怕他们不愿意,或者怕他们捉弄自己,所以感到不安,只能远远地站在一边。如果总是因为害羞而躲避,孩子就会失去交朋友的机会。独自玩耍,不仅无聊,还会降低孩子的存在感,减弱他们的自尊心和社交能力。当偶然和朋友见面时,孩子会不知如何与他们相处;当发生争执时,孩子也不会正确地处理矛盾。久而久之,孩子会变得更加害羞,形成恶性循环。

为避免这些问题发生,在孩子陷入这种恶性循环之前,父母应该帮助孩子克服害羞,教他们学会与朋友相处。如果孩子能自己调节并控制与人相处时的不安情绪,那么他们的害羞感也会有所减弱。

父母的错误做法

给孩子刻上害羞的烙印

如果父母总是说孩子害羞胆小,孩子就会形成这样的自我意识,更加畏惧做出新的尝试。同样,父母也不能让他人给孩子刻上这样的烙印。如果有人对孩子说"你很容易害羞",父母应该当着孩子的面说:"我家孩子虽然有点认生，但是，等你们熟悉起来，他就会很自然大方了。"

责备或取笑孩子

孩子会慢慢学习如何在陌生的环境中控制焦虑，在这个过程中，孩子难免会做得不好。如果父母因此而责备或取笑孩子，会使他们变得更加焦虑，从而难以学会控制焦虑、克服害羞。

父母的正确做法

告诉孩子自己的经历

和勇敢的朋友相比，因为害羞而犹豫不决的孩子很容易减弱自尊心。为了维护孩子的自尊心，父母可以告诉孩子每个人都会害羞，自己也有过感到害羞的经历。

不仅如此，父母还可以告诉孩子克服害羞的好处，帮助孩子鼓起勇气。例如，告诉孩子："世真，你是不是感到害羞啊？爸爸小时候也这样，但是当我鼓起勇气主动找小朋友玩的时候，我觉得非常有趣。"

从小事开始锻炼孩子

如果孩子连和陌生人打招呼都很困难，父母可以从打招呼开始训练孩子；如果孩子难以融入一群孩子中，父母可以让孩子先试着和其中一个孩子相处，例如，邀请一个认识的孩子到家里做客。刚开始时父母可以陪在孩子的身边，当两个孩子投入游戏中时，父母就可以放任他们自由相处了。

奖励勇敢尝试的孩子

如果孩子比以前勇敢，父母可以表扬并奖励孩子。父母的称赞和鼓励，能够激励孩子更好地与人相处，以及控制焦虑、克服害羞。

18 当孩子害怕时

如果一个孩子无所畏惧，那么他就会从高处跳下来，或者跑进有许多车辆行驶的车道中，或者伸手摸凶猛的狗，又或者不加提防地跟着陌生人走，从而发生各种意料之外的危险。适度的胆怯能够保护孩子健康成长，因此，父母不需要过分担心孩子胆怯，父母可以将其看作孩子成长中的一个过程。

对孩子来说，周围存在很多不熟悉的东西，比如黑暗、陌生人、陌生的地方、动物、怪物等，孩子觉得这些东西太可怕了，于是他们害怕得想哭、想避开、想躲在父母的身后。看到这样的孩子，父母十分担忧他们能否勇敢地面对未来。

孩子之所以害怕,是因为他们发现了陌生的东西,他们并不知道这些陌生的东西会带来什么结果。随着孩子不断成长,他们能够不断提升自己控制不安和胆怯的能力,克服恐惧,同时,他们也能逐渐培养自信心,产生勇于挑战的力量。

教孩子克服胆怯的必要性

人生中处处有让人胆怯的事情,如果孩子不能控制自己的胆怯,就无法正常生活,只会不停地哭泣、逃跑或者躲避;如果胆怯变成恐惧,孩子将更加难以克服。另外,长时间胆怯还会让孩子失去自信心,变得消极,自尊心也会减弱。

因此,==如果孩子性格懦弱,父母可以教孩子控制胆怯与不安情绪的正确方法。==

父母的错误做法

取笑孩子是胆小鬼

孩子在害怕时会变得手足无措,他们自己也会感到十分尴尬、痛苦。这时,如果父母说他们是胆小鬼,就会妨碍孩子克服恐惧,影响孩子正常成长。

吓唬孩子

有的孩子会因为害怕小狗，而紧紧贴住父母，这时，如果父母故意吓唬他们，说"如果你再哭，可怕的大叔就会抓走你"或者"如果你再这样，妈妈就不要你了"，这样只会加剧他们的恐惧与不安。父母应该给予孩子战胜恐惧的勇气，如果吓唬他们，就会让他们本就不多的勇气消耗殆尽。

强迫孩子勇敢

要想让孩子克服胆怯，最重要的是让孩子学会控制自己的情绪，并且能够鼓起勇气。如果父母硬要让还没准备好的孩子战胜他们惧怕的东西，孩子就会像没有准备好就上战场的士兵，极有可能失败，因而承受更大的压力，产生绝望情绪。

父母的正确做法

父母保持沉着冷静

如果孩子害怕得哇哇大哭、惊慌逃窜，父母可能会变得非常慌张，难以控制自己的情绪，大声斥责孩子。另外，有的父母看到虫子时，会因为害怕而大喊大叫，即使孩子是第一次看到虫子，他们也会因为父母的反应而感到害怕。因此，要想让孩子面对恐惧时能保持冷静，父母需要自己先学会冷静,这样孩子才能模仿父母的行为,渐渐克服恐惧。

让孩子安心

在孩子表现出害怕时,父母可以用"这确实挺吓人的"之类的话来认同孩子的胆怯,并且拥抱安抚他们,告诉他们爸爸妈妈会一直保护他们,以此给孩子足够的安全感,帮助他们消除恐惧。

让孩子从小的恐惧开始加以克服

如果孩子有害怕的对象,父母可以先找一个较容易克服的对象,帮助孩子一步步地克服。例如,如果孩子害怕狗,父母可以让孩子先接触小狗图片或者小狗玩具,然后再陪孩子从观察一只狗宝宝开始;如果孩子害怕黑暗,父母可以先让孩子睡在明亮的房间里,然后再将房间的灯光稍微调暗,等孩子适应以后再渐渐调暗亮度。

当孩子完成了一个阶段的挑战时,父母需要给予他们表扬,例如,"这个有点吓人对不对?但你能够忍住不哭,真是个小勇士!"或者"你真勇敢,太棒了!"。至于要不要继续挑战下一阶段,父母需要询问孩子的意见。如果孩子愿意,父母也应该表扬他们。

19

当孩子总和朋友打架时

当孩子们的意见不同时,他们不知道如何处理,就会打架。与人打架是孩子成长过程中必然会经历的事情,但是,比起打架,孩子在这个过程中有所收获是最重要的。

孩子打架的原因有很多。有的是因为和朋友意见不同,又无法用语言使对方妥协,只能动手解决;有的是因为规则被破坏而打架;有的是因为被人乱起外号而打架。**这些打架的原因,恰恰是孩子需要弥补、完善的方面。**父母应该教孩子理解他人的立场,生气时要通过语言解决问题,同时还要培养孩子与人沟通的能力,这样,才能避免孩子与他人发生冲突。

观察孩子打架的必要性

如果孩子经常打架，父母应该仔细观察，找到他们打架的原因。可能是因为孩子不理解自己与他人的想法不同，可能是因为孩子无法控制自己的愤怒，也可能是因为孩子学习父母总是通过动手解决问题，还可能是因为孩子不懂得让步与妥协。

父母应该找出孩子打架的原因，教他们弥补不足，帮助他们健康成长。如果孩子在打架后没有反思与进步，他们仍会不断打架。因此，父母应该将孩子打架看作孩子进一步成长的一个机会。

父母的错误做法

在孩子面前易暴怒

如果父母常常因为小事而轻易发怒、大喊大叫或与人动手，孩子看到后就会认为在发生矛盾时可以这样解决；如果父母经常吵架动手，却教育孩子不能和别人吵架动手，孩子就会感到混乱，不知道应该怎么做。因此，父母至少不应该在孩子面前吵架或者打架。

因为打架而责骂孩子

如果因为孩子打架，父母便一通责骂，孩子学不到任何东西。虽然孩子做错事应该受到批评，但是，孩子是因为不知道正确的解决方法而打架的。因此，父母应该让孩子明白自己的情绪以及打架的原因，并且要告诉孩子正确处理矛盾的方法。

父母的正确做法

将打架的孩子分开，单独对话

打架时，由于情绪激动，孩子很容易受伤，因此，父母应该先将打架的孩子分开，以防发生更大的事故。

将孩子分开以后，父母应该先倾听孩子打架的原因，并且站在孩子的立场上安抚孩子。等孩子情绪稳定后，再追究他们的是非对错。在这个过程中，孩子能向父母学习如何沉着冷静地解决矛盾。

告诉孩子具体的解决方法

孩子打架的原因很简单，比如违反规则、产生误解，或者孩子想同时做一样的事情，又或者为了争夺某物的使用权。对于成年人来说，解决这些问题轻而易举。因此，父母应该认真倾听孩子说的话，告诉他们具体的解决方法，例如，"你们可以轮流玩"或者"你们可以先确定好规则"，从而化解孩子的矛盾，让他们愉快地玩耍。

告诉孩子不可以使用暴力解决问题

父母应该告诉孩子,打架解决不了任何问题。如果孩子通过暴力得到了什么东西,父母应该让孩子向对方道歉并归还东西。必要时,父母可以使用暂停法。

正确使用暂停法

暂停法是一种教育方法,它可以让孩子思考和反省自己的所作所为,纠正孩子的错误行为。另外,通过这个方法,父母还能培养孩子预测后果、反思行为、调节情绪的能力,促进孩子自控力的发展。

暂停法

提前确定需要暂停的行为

孩子会做出许多错误的行为,作为父母,肯定想尽快让其改正这些行为。但是,父母无法一次性地纠正所有行为,因此,父母可以提前确定孩子需要改正的行为,等到孩子犯错时,从中选出一个或两个最严重的行为进行纠正。

这样的行为需要是具体明确、显而易见的。比起"不礼貌的语言"或"不礼貌的举动"这种笼统且主观的判断,选择"乱扔东西"这样具体明确的行为更好。不仅如此,选择的行为需要获得全家人,尤其是孩子本人的同意,这样可以防止在实行暂停法时发生无谓的争吵,也能防止因为标准不同而导致孩子产生混乱。

在确定要暂停的行为时，父母应该让孩子参与，并站在孩子的立场上，向孩子说明不是因为讨厌他，而是为了纠正他的错误行为。

确定时间和地点

使用暂停法的目的是让孩子反思自己的错误行为，但是，如果孩子对此感到不安，他们的大脑就会停止思考。因此，实行暂停法时不要让孩子过于紧张。

父母在选择暂停地点时，应该避开偏僻、寂静、黑暗的地方，最好选择父母和孩子相互能看到的地方，例如客厅的墙壁前或椅子上。父母还需要给确定好的地点起一个类似于反思座或反思椅之类的名字，加深孩子的印象。

确定地点后，父母需要向孩子示范如何做，例如，父母可以告诉孩子规则："如果乱扔东西，就要坐在这个反思椅上。"然后，父母可以端坐在上面为孩子做示范。

暂停的时间应该根据孩子的年龄确定，3岁的孩子暂停的时间是3分钟，4岁的孩子暂停的时间是4分钟。孩子的注意力不如成年人强，如果时间过长，孩子很可能会被其他事物吸引，从而忘记自己的错误。另外，为了让孩子切身感受到时间的流逝，父母可以在旁边摆上沙漏等。

此外，父母还应该提前告诉孩子违反暂停规则的惩罚措施，例如，告诉孩子："如果你不坐在反思椅上，或者提前从反思椅上站起来，就罚你举着手站着。"

简洁果断地指示

在实行暂停法时，父母应该简洁且果断地给出指示。例如，对孩子说："我之前和你说过，如果你乱扔东西就要坐反思椅对吧？刚刚你扔了东西，所以现在过去坐好吧！"像这样简洁明了地下指令，孩子就能明白自己的错误行为。

在实行暂停法时，孩子可能会哭闹、耍赖，不想坐反思椅。父母即使再生气，也会心疼孩子，惩罚孩子的想法因而会动摇。但是，暂停法给了孩子思考和反思的时间，在这个过程中，孩子的预测能力和自制力都能得到锻炼。

如果孩子坚决不坐，或者中途离开且随意走动，父母不能生气，应该树立威严，用粗重低沉的声音简洁明了地告诉孩子："我会罚你举手站着！"

让孩子集中注意力

暂停法能够为孩子提供发展能力的机会。在实行暂停法的过程中，孩子能够反思自己的行为，预测行为的结果，从而提升自己对情绪和冲动的控制能力。因此，父母需要为孩子创造一个合适的环境,让孩子能够集中注意力,例如,关掉电视机,使周围安静下来。如果周围乱七八糟的,这个方法就会无效。

暂停法的最后一步

规定的时间到了,父母可以和孩子进行交流。例如,对孩子说:"坐在反思椅上很难过吧?爸爸妈妈同样也很难过。"然后轻轻地拥抱他们。暂停的时间也是孩子学习的时间,因此父母要给孩子一定的时间。例如,对孩子说:"爸爸妈妈能理解你生气,但是你乱扔东西是不对的,所以才让你坐反思椅。下次你生气的时候,可以直接说出来,不要再扔东西了好不好?"

暂停法失效的原因

虽然暂停法是十分有效的教育方法,但是也会有特殊情况。如果父母细心观察,就能发现其中的问题所在。接下来,我们一起来了解一下暂停法失效的原因。

不能贯彻规则

如果父母和孩子共同确定了需要暂停的行为,以及时间和地点,但是父母却随意改变,那么,孩子也会想要有所改变；如果父母向孩子的要求妥协，那么暂停的初衷就会改变，教育效果自然也会大打折扣。

教育方式与孩子的发展水平不相符

如果父母对只有3岁的孩子说："乱扔东西的是坏人，如果你变成坏人，没有小朋友愿意和你玩，而且你乱扔东西还有可能打伤别人，所以你现在就去反思椅上好好想想！"父母这样长篇大论，孩子很难明确自己需要反思什么，他只能茫然地坐在椅子上哭或者看父母的脸色。

要想成功，父母必须引导孩子反思自己的行为，并且意识到下次不能再有同样的行为，也就是说，孩子需要拥有预测自己的行为造成的后果的能力，以及控制行为的能力。不同年龄的孩子这两种能力具有很大差异，因此，父母应该根据孩子的发展阶段来解释说明，让孩子明白要改正的行为是什么。

让孩子感到不安

如果父母愤怒地对孩子大喊大叫："赶紧去那儿反思！"孩子就会感到不安，并且会一直看父母的脸色。暂停的目的是纠正孩子的行为，而不是父母发泄自己的愤怒，让孩子难堪。如果父母过于情绪化，就会导致孩子无法集中注意力，目的无法实现。

如果孩子有需要纠正的行为，父母应该尽量保持镇静，不要对孩子过分冷淡。父母应该让孩子明白，有问题的是他们的行为，采取的方法并不是在针对他们本身。

规定需要纠正的行为笼统模糊

"如果你做出不礼貌的行为，就要去反思椅上反思。"像这样，父母主观且笼统地规定需要纠正的行为，孩子就会疑惑错误的行为到底是什么。从孩子的立场来看，自己是在正当表达意见，但是，如果父母认为这是不礼貌的行为，就决定惩罚孩子，孩子就会感到委屈，并且不知道自己该反省什么。因此，父母在确定需要实施暂停法时，应该明确要暂停的具体行为，并且要与孩子没有意见分歧。

要纠正的行为过多

当我们站在一个有很多信号灯的路口时，我们会感到迷茫，无法判断应该听从哪个指挥。同样，如果父母想要纠正的孩子的行为过多，反而会影响效果。因此，一至两个行为比较合适。

让孩子反思反而成了奖励

有一个哥哥不愿意与弟弟分享饼干，并把弟弟推倒在地，惹得弟弟哇哇大哭。因为哥哥推了弟弟，所以父母让哥哥在反思椅上反思。对于哥哥来说，虽然被罚坐在反思椅上是一件伤心的事情，但是，坐在椅子上不需要分给弟弟饼干，这无形中就成了一种奖励。

暂停时间的长短与孩子的年龄不符

实行暂停法期间，孩子应该反思自己的行为。但是，由于孩子能力有限，他们能够集中注意力反思的时间很短。如果规定的时间过长，孩子的注意力就会分散，从而影响效果。

父母在实行暂停法时，应该仔细核对是否符合以下要求：

- ☐ 事先确定好需要暂停的行为，以及时间和地点。
- ☐ 具体描述需要暂停的行为。
- ☐ 规定的行为有一至两个。
- ☐ 规定的地点适合孩子。
- ☐ 规定的时长与孩子的年龄相符。
- ☐ 站在孩子的立场解释说明。
- ☐ 没有让孩子感到不安。
- ☐ 言行一致。
- ☐ 孩子有所收获。

第6章

培养自控力的第三阶段：忍耐力、社交能力、道德心及其调节训练

孩子进入学校以后，大脑的额叶会迅速发育，计划力、执行力、冲动调节能力、超认知能力会快速增强。这一时期是培养孩子思考能力的最佳时期，根据不同的应对方式，孩子的自控力也会得到不同程度的发展。

在这一时期，最重要的是让孩子紧跟学校的课程，学习如何记住自己应该做的事情，如何制订计划，如何按时完成不想做的事情，如何修改计划，以及如何坚持完成每一项任务。

在这一时期，孩子应该有时间观念，在规定时间内完成作业；应该提升工作记忆力和专注力，即使环境嘈杂，也能集中精力学习；应该遵守并维护班级规则，积极协调与同学之间的矛盾，培养社会性；应该提升自己控制言行举止的能力，即使有想要的东西，也不能未经朋友允许，偷窃或抢夺；应该提升自己控制冲动的能力，不因生气而动手打人；应该遵纪守法，关心同学，恪守本分。这样的孩子不仅成绩优异，在学校里也会受到欢迎，因此，他们会有较强的自信心与自尊心。

不仅如此，在这一时期，孩子还应该养成良好的学习习惯，学会如何忍耐无聊，如何在讨厌的问题面前控制自己的情绪，如何耐心专注地解题，从而提升学习能力。

综上所述，为了让孩子成为优秀的人才，父母必须帮助孩子培养好的学习习惯、社交能力、忍耐力等。父母需要注意的是，单方面或强迫孩子对于培养孩子的能力没有任何帮助。在这个过程中，孩子自主制订计划和执行计划十分重要，而父母的作用是当孩子犯错或失败时，及时与孩子沟通交流，帮助孩子学习和反思。

20 当孩子不能集中精力学习时

很少有孩子从一开始就喜欢学习。在他们看来，学习既枯燥又无趣，比学习有趣的事情太多了。因此，如果孩子控制冲动的能力弱，那么他们会很容易被那些有趣的事物吸引。

要想孩子专注于学习，不能单靠孩子自己，父母也要给予帮助。**父母可以清除孩子身边的诱惑，培养孩子抵抗诱惑的能力，降低学习的枯燥乏味。**父母还可以教孩子如何集中注意力，并且让孩子享受完成困难的学习任务后的成就感，这样，孩子就能越来越专注地学习。

父母的错误做法

妨碍孩子学习

注意力不集中的孩子很容易因为周围细微的变化而分心。如果父母悄悄地观察孩子在做什么，会使孩子分心。另外，在孩子学习时，父母在周围闲聊、用手机玩游戏、将电视机声音开得很大也会分散孩子的注意力，妨碍孩子学习。

父母随意增加孩子的学习任务

爬山时，如果离山顶还有 10 分钟，孩子很有可能坚持爬到山顶。但是，如果始终不见终点，孩子就会想要放弃。学习也同样如此，孩子专注于学习的动力就是写完作业后可以尽情玩耍，因此，昨天 40 分钟才做完作业，今天他们只需 25 分钟就能够做完。但是，如果父母要求孩子再多写一页才能玩，孩子就会迅速失去动力与积极性，注意力也会大大降低。

父母的正确做法

将有诱惑的东西收起来

孩子往往很难抵御诱惑，因此，在孩子开始学习之前，父母应该将桌子上及其周围散落的电子设备、玩具等收起来。另外，父母应该尽量避免周围产生噪声，分散孩子的注意力。

让孩子学习适合自己水平的内容

最近，大多数父母都会要求孩子预习功课。虽然快速且大量地学习非常重要，但是，对于还没有建立完整学习框架的孩子来说，超前学习对于他们专注力的发展没有多大帮助。另外，如果学习任务过多，孩子也会难以集中注意力。因此，父母应该确认孩子学习的内容是否适合他们自身的发展水平。

给孩子合适的学习动机

孩子预测未来的能力还不成熟。对于他们来说，找一份好的工作或者成为一位优秀的人是一个遥远而渺茫的目标，并不能成为其当下学习的动机。因此，如果想让孩子集中精力完成当下的学习任务，父母应该给孩子一个适合他们的学习动机。

不仅如此，有的奖励并不能正确引导孩子。例如，如果父母承诺孩子写完作业可以玩游戏机，那么孩子就会为了赶快玩游戏机而草草地完成作业。金钱等物质奖励也没有很好的激励作用，因为孩子做着自己应该做的功课，却希望父母为此付出代价。比起这些，父母给予认真学习的孩子充分的关注，或者给孩子一个表扬的贴纸，更能够激发孩子学习的积极性。

21 当孩子无法独立学习时

独立学习，孩子需要具有很强的自控力，来规划何时何地学习、学习什么、学习多少、如何学习等，还需要具备较强的执行力，以驱使自己立刻开始学习，不懒散、不拖延。要想抵制游戏机或视频等诱惑，孩子需要有抑制冲动的能力；要想在规定时间内高效地学习，孩子需要有反思学习方法和修改计划的超认知能力；要想牢记自己的目标，不三心二意，孩子需要有较强的工作记忆力。

孩子的计划力、执行力、冲动抑制力、工作记忆力、超认知能力等自控力还不成熟，无法从一开始就顺利地自主学习。父母需要根据孩子能力的发展水平，循序渐进，培养他们自主学习的能力。

父母的错误做法

盲目地给孩子布置学习任务

没有学习过的孩子即使想学习,也不知道该学习什么、怎样学习。如果让孩子盲目地学习,孩子只会感到惊慌与不安。

强迫孩子学习不合适的内容

如果让孩子学习太难的内容或过多的内容,孩子就会失去对学习的兴趣,从而失去发展自控力的动机;如果单方面地指挥孩子学习,又因为他们不学而指责他们,孩子就会感到痛苦、无趣。学习需要内在驱动力,强迫孩子按照父母的意愿去做,就会降低孩子的成就感。

父母的正确做法

与孩子一起制订计划

制订计划是学习的第一步,父母可以和孩子共同计划学习什么、学习多久和如何学习。例如,父母可以询问孩子的意见:"我们先学数学和语文吧。每天做 2 页数学习题集,再读 1 本薄薄的童话书怎么样?"

父母应充分听取孩子的意见,然后逐渐引导孩子制订计划。另外,工作记忆力较弱的孩子可能会忘记制订好的计划,父母可以将计划简单地写下来,贴在孩子能看到的地方，防止孩子忘记。

引导孩子弥补短板

要想学习好，孩子需要具备各方面的自控力，但是，这些能力的发展速度并不相同。有的孩子计划能力强，但执行能力弱；有的孩子冲动抑制能力强，但工作记忆力弱。

父母需要根据孩子学习时的表现，了解孩子的优缺点，从而帮助他们取长补短。例如，如果孩子计划能力强，但执行能力弱，父母可以让孩子设置闹钟来提醒自己；如果孩子工作记忆力弱，父母可以让孩子养成记笔记的习惯。

让孩子按照自己的水平学习

孩子学习的内容与方式等应该依据孩子的自控力来决定，因此，如果孩子的专注力较弱，父母可以引导孩子将任务分块。例如，将做 10 页数学题的任务改成做 5 页数学题和读 5 页书。

与孩子进行沟通

要想学习好，孩子需要具备超认知能力，即明确自己正在做什么，是否能找出更好的做法。为了培养孩子的超认知能力，父母可以和结束学习的孩子聊一聊，例如，问问今天学得如何，是否遇到无聊的、困难的问题，是否能集中注意力等，倾听孩子的想法。在这个过程中，孩子思考与反思的能力会得到提升。

22 当孩子不想上学时

从孩子踏进学校开始,他们就需要遵守严格的规则。例如,要按时上课,每节课 40 分钟,课间有 10 分钟的休息时间;要在供餐时间一起吃饭;要在规定时间上学、放学等。孩子在遵守这些规则的同时,会逐渐形成时间观念。

无论孩子是否愿意,当他们结识新朋友时,孩子就会知道如何与其他人相处,他们也会逐渐懂得要遵守秩序和有忍耐力,明白即使想取笑对方也要克制住,即使想先做也要排队等待。在这个过程中,孩子学会了忍耐、体贴,也培养了社交能力;学会了制订每日计划,能按照计划学习并收拾书包。

上学是一个新的挑战

在刚开始小学生活时，孩子会对很多事情感到不安。害羞的孩子很难与陌生的小朋友相处，也会对老师的指责感到害怕。为了成功适应学校生活，孩子需要勇气和控制焦虑的能力，来做他们从未接触过的事情。

孩子在上小学时就应开始培养管理自己的能力。要想适应学校生活，孩子要有时间观念，还要有预测、规划未来的能力。不仅如此，孩子还应该学会等待、体贴、谦让，这样，才能与其他孩子融洽相处。对于孩子来说，适应小学生活是一个巨大的挑战，同时也是一个培养自控力的好机会。

将适应学校生活看作孩子成长的机会

学校生活虽然是孩子成长的机会，但是，也可能会成为巨大的危机。如果孩子没有时间观念，反复迟到、早退，不能做好课前准备，总是丢三落四，不遵守学校规定，不懂得礼让，那么他们就会经常和其他孩子吵架，成为不合群的孩子。总而言之，自控力弱的孩子很难适应学校生活，对于他们来说，学校没有任何乐趣，因此，他们才会不想去学校。

如果能适应学校生活，孩子就会再一次获得成长的机会。因此，父母应该帮助孩子适应学校生活，培养他们管理和调节自己的能力。

父母的错误做法

毫无对策地允许孩子不上学

孩子不想上学，意味着有某方面的问题阻碍他们适应学校生活，正如前文所说的，孩子必需的自控力还不成熟。允许孩子不去上学，并不能弥补孩子缺乏的自控力，等到孩子再次回到校园时，他们很可能会更难适应学校生活。因此，如果父母毫无对策，那么也就失去了培养孩子自控力的机会。

训斥孩子

如果孩子不想上学，或者不会制订计划，又或者与同学发生争执，父母不要斥责他们。因为孩子并不知道如何处理这些问题，即使父母训斥，他们的自控力也不会迅速发展。一味地训斥是没有任何帮助的。

让孩子独自去做

由于孩子的自控力不强，各方面发育还不成熟，所以他们很难独立完成一件事情。他们需要父母的帮助与陪伴，才能慢慢成长。因此，父母不能以培养孩子的独立性为由，强迫孩子独自面对一切。

父母的正确做法

找出孩子不想上学的原因

父母可以主动询问并倾听孩子不想上学的原因，站在孩子的立场上理解他们，然后与孩子共同寻找解决方法。如果孩子自己也不知道原因，父母就需要详细了解孩子的学校生活，帮助他们找出原因。父母要了解孩子在学校的日程安排，了解孩子喜欢和不喜欢的活动，了解孩子与老师和同学的关系，找出他们在学校生活中缺乏的能力。

根据原因确定解决方法

知道了原因以后，父母就要重点培养孩子缺乏的能力，给予他们多方面的帮助。例如，如果孩子课前准备做得不好，那么父母可以根据他们的课程表，更加仔细地让他们准备好课本和其他物品等。或者，父母可以根据他们的课程表，让他们提前预习相关内容。另外，父母也可以拜托班主任将孩子安排在课前准备做得好的孩子旁边。

集中注意力观察孩子

父母应该了解孩子做什么有困难，能够独立做什么，然后根据他们的能力给予帮助，这需要父母集中注意力观察孩子。在忙碌的早晨，父母会因为着急而无意中对孩子大喊大叫："赶紧吃饭、刷牙、穿好衣服！"这样的指示对孩子来说有一定难度。父母应该将注意力放在孩子身上，让他们一步步地完成各项任务。晚上根据课程表来准备好课本和收拾书包时也同样如此。如果父母仔细观察孩子，就会知道他们能够做什么，需要什么帮助，在此基础上，父母可以给孩子提供精准的帮助，并引导他们独立完成更多的事情。

减少孩子的不安

如果孩子害怕上学或对上学感到不安，父母应该帮助孩子减少不安。例如，父母可以陪孩子上学、放学，也可以让孩子在课间休息时通过班主任给自己打个电话，还可以带孩子用手指玩偶做角色扮演，帮助孩子克服对上学或同学的害怕与焦虑。

23 当孩子学习分心时

在父母看来,有的孩子十分散漫。如果让孩子整理桌子,孩子就会在桌子上用彩色铅笔画画玩;如果让孩子做数学题,孩子却看到了组装玩具,会在不知不觉中摆弄玩具。对孩子来说,周围有很多新奇的东西,他们会对各种各样的事物感兴趣。对父母来说不值一提的事物,对于孩子来说却魅力无穷。

如果孩子玩得很开心,他们的各项能力会迅速发展。与只反复玩一种简单游戏的孩子相比,体验过多种游戏的孩子更加健康。孩子分心是他们多种能力快速发展的表现,父母不需要让孩子完全专注,也不需要让孩子总是专注于某件事,而应该培养孩子在需要的时候集中注意力的能力。

培养孩子专注力的必要性

培养孩子的专注力，不仅仅是为了培养孩子的学习能力，孩子专注地玩耍也会更有乐趣，因此，为了让孩子玩得尽兴，也要培养孩子的专注力。如果孩子在 5 分钟内换了 10 种游戏，他们的大脑就很难通过游戏发育成熟。哪怕是边玩边学，孩子也需要专注力。随着专注力的增强，他们的其他能力会随之发展。

专注力主要分为两大类：一类是由兴趣产生的专注力，另一类是因为努力而产生的专注力。每个人都很容易专注于自己感兴趣的事情。当孩子玩耍时，父母可以仔细观察他们，即使是易分心的孩子，也可能会持续专注于自己喜欢的、有趣的事物。

但是，因为努力而产生的专注力是不同的。具备这种专注力的孩子，即使他们不想做某事或者觉得没意思，也会下定决心完成这件事。这对成年人来说都不是件容易的事情，更何况意志薄弱的孩子。如果孩子想集中精力做无趣的事情，就需要多加练习。大脑额叶越发达，孩子就越能忍住不被其他事物吸引，从而集中精力做该做的事情。

如果孩子的专注力较弱，父母应该先引导他们在有趣的事情上专注更长时间，然后逐渐帮助孩子通过努力更好地集中注意力。

父母的错误做法

将孩子的专注力与成年人比较

孩子的大脑发育还不成熟,专注力自然比成年人弱。当父母让孩子做无趣的事情时,他们更加难以长时间地保持专注。因此,父母不能因为孩子的专注力比成年人弱,就说他们分心了。

责备孩子注意力不集中

父母的责备会使孩子不安,从而更加无法集中注意力。在被父母大骂一顿后,孩子往往只记得挨骂,却不记得挨骂的原因,因而无法从中学到有用的东西。此外,压力还会阻碍孩子大脑额叶的发育。因此,如果父母责备孩子注意力不集中,会阻碍孩子多方面能力的发展。

父母的正确做法

和孩子的同龄人比较

孩子与成年人相比,专注力自然比较弱,因此,父母应该将孩子和同龄的孩子做比较。如果其他孩子也同样如此,那么孩子就没有太大问题。

在各种情况下观察孩子

喜欢填色游戏的孩子在填色时注意力会很集中,但如果孩子不喜欢打球，就会很快走神。仔细观察不同情况下的孩子，父母就能摸清孩子的取向、个性、兴趣，也会发现孩子是经常分心，还是只在特定情况下难以集中注意力。

调整环境

孩子专注力的强弱会受到外界的影响。即使是专注力强的孩子，如果处在混乱的环境中，也很难集中注意力。父母应该检查家中东西是否过于杂乱，如果有太多无用的杂物，孩子的专注力就会减弱。因此，父母应该将孩子不玩的玩具、不读的书、不穿的衣服等统统处理掉。

另外，父母还应该注意孩子周围的噪声，尤其不能在孩子学习时大声地播放电视。外界的刺激越小，孩子越能专注。因此，父母需要调整环境，以便于孩子集中注意力。

称赞进步的孩子

如果孩子昨天坚持读了5分钟的书，而今天却坚持读了6分钟，父母可以表扬孩子，这样，孩子的专注力就会更快地得到提升。

24 当孩子想换同桌时

孩子的年龄越小,无法独立完成的事情就越多。例如,刚出生的婴儿即使冷了也不会自己找衣服穿,即使饿了也不会自己做饭吃,只会不停地哭,来发出"我不舒服"的信号。然后父母就会出面帮助他解决问题,满足他的需要。如果孩子冷了,就给他穿衣服;如果孩子饿了,就喂他吃的。在这个过程中,孩子逐渐建立起对父母以及世界的信任,并成长为一个幸福且情绪稳定的孩子。

但是,当孩子哭闹与耍赖时,父母无条件满足的做法是正确的吗?父母又能帮孩子到什么时候呢?如果孩子想要,哪怕是天上的星星也会努力摘下来,这便是父母对孩子的爱。但是,父母能帮孩子摘下天上的星星吗?随着孩子逐渐长大,父母无法帮孩子的事情就会越来越多。

孩子终究是要独自解决问题并适应社会的。如果没有自控力和解决冲突的能力,孩子就会面临许多困难。

孩子要学会自己适应

孩子遇到困难,父母当然想要给予帮助。如果孩子的同桌欺负孩子,父母也肯定想先保护自己的孩子,会拜托班主任给孩子换个同桌。在父母看来,这样能够保护孩子的自尊心与自信心,是非常正确的做法。

孩子与同学交往,不仅能学会与他人和睦相处的方法,还能培养解决矛盾的能力。但是,刚进入学校的孩子还不知如何解决矛盾,也不知道如何与大家和睦相处,因此,就会与同桌不和。孩子如果不喜欢同桌,就会不停地抱怨,想要换同桌。

困难同样也会促进孩子成长。在学习如何与同桌相处的时候,孩子也能学习如何在矛盾面前调节自我。如果孩子没有适应能力,父母可以给孩子换同桌,但是,要想培养孩子的适应能力,父母最好教孩子学会与同桌相处的方法。

父母的错误做法

忽视孩子的抱怨

当孩子抱怨同桌时,如果父母对孩子的痛苦漠不关心,孩子就会感到沮丧,认为父母不关心自己或者轻视自己。

责备孩子

当孩子抱怨同桌时,如果父母一味地责备孩子自私,孩子就会埋怨父母不理解自己,并且认为告诉父母自己的难处不仅无济于事,还会挨骂,以后即使再困难,孩子也不会愿意告诉父母了。不仅如此,责备孩子对于培养孩子的自控力与矛盾解决能力没有任何作用。

无条件满足孩子的要求

孩子一抱怨,父母就要求班主任给孩子换同桌,这种做法是不对的。==帮孩子避开矛盾,只会错失培养孩子自控力的机会。==

父母的正确做法

认真倾听孩子的诉说

如果孩子抱怨同桌,父母应该认真倾听,这样,孩子就会感受到父母的关心,并因此而安心。不仅如此,比起草率地满足孩子的要求,父母与孩子产生情感共鸣更重要。例如,问问孩子"最近是不是很辛苦啊?",以此来充分表达自己的感同身受。

了解孩子的同桌

父母需要充分听取孩子的意见,并向班主任、同班的其他孩子和家长搜集信息,了解孩子的同桌。父母搜集的信息应该尽可能客观,这样才能明确孩子的同桌有什么样的品行,是不是会欺负同学,是不是只欺负自家孩子,与自家孩子发生矛盾的原因等。

为孩子创造和同桌和睦相处的机会

如果已经充分了解了孩子的同桌以及孩子间的关系,父母可以提出具体的解决方法。父母可以教孩子如何应对不同情况,例如同桌总是取笑自己,或者同桌未经允许拿走自己的东西等。另外,父母还可以通过角色扮演,来让孩子练习应对方法。

换同桌并不意味着孩子失败

如果同桌具有严重暴力倾向或者孩子被欺负到难以承受的程度,父母可以要求班主任换同桌。父母不要对还没准备好的孩子提出无理的要求,也没有必要因为换了同桌,就认为孩子失败了,对孩子感到失望或担忧。孩子还有很多的机会来学习和适应。随着孩子不断成长,当再次遇到类似的问题时,孩子的适应能力会更强,到那时,父母可以再继续教孩子应对方法。真正优秀的父母应该在孩子准备好以后,根据孩子的水平逐渐培养其适应能力。

25 当孩子不吃饭,只想吃炸鸡时

想吃什么就吃什么是一件很幸福的事情。在喝牛奶或吃母乳的过程中,新生儿会与喂养者形成紧密的关系。孩子吃东西,不仅能够生存和成长,还能够和喂养者建立亲密的关系,是一件健康幸福的事情。孩子稍长大一点,就会开始吃辅食和更多样的食物,他们会用手抓着吃,也会固执地用勺子吃,将餐桌弄得乱七八糟。随着孩子逐渐能够决定吃饭的方式,他们的自主性会越来越强。在婴儿时期,孩子的饮食行为几乎完全出于本能,并且他们也不懂得关心他人与礼貌待人。

孩子进入幼儿园或小学后,他们就不能按照本能吃东西了。他们需要按照学校的要求在固定的时间、用固定的方式、吃特定的食物，并且他们也会明白吃饭时可以做什么，不可以做什么。在这个过程中，他们的自控力会逐渐提升。

通过一起吃饭来培养孩子的自控力

如果缺乏对饮食行为的自控力，孩子就很难适应集体生活。例如，如果孩子因为不喜欢而不吃饭，他们就会饿肚子；如果孩子用手吃饭，他们就会被嘲笑；如果孩子乱扔食物或吃得太慢，就会产生诸多问题。

对于父母来说，孩子想吃什么，父母就想满足他们。但是，这样并不是真的为孩子好。如果孩子只吃自己想吃的东西，那么就证明他们缺乏自控力。==父母可以通过与孩子一起吃饭，培养孩子的自控力。==

父母的错误做法

总是以父母为主

父母不能完全按照自己的意愿来安排吃饭的时间与菜单。如果父母根据自己的节奏催促正在玩耍的孩子赶紧吃饭，孩子就很难预测吃饭时间，管理时间的能力也很难得到发展。

随意确定菜单

如果父母中有一人认真准备了晚餐，另一个人却说不想吃，要吃别的，孩子就会学习这种不好的行为。父母应该教孩子体谅做饭人的辛苦，将孩子培养成体贴懂事的人。

父母的正确做法

和孩子一起制定菜单

如果总是由父母决定吃什么，孩子可能会感到不满。因此，如果孩子喜欢吃炸鸡，父母可以和孩子商量吃炸鸡的日子，这样，孩子就会觉得自己的意见得到了尊重，从而提升自尊心。

规定家庭用餐礼仪

一提到饭桌教育，很多人会联想到和孩子一起吃饭时，父母喋喋不休的场面。真正的饭桌教育应该明确用餐礼仪，并且为了遵守用餐礼仪而互相关心、照顾彼此。例如，孩子可以根据规定的家庭用餐时间来安排自己的学习任务，从而提升自控力。

另外，让孩子参与准备饭菜的过程也是一个不错的选择。例如，父母可以让孩子负责摆好碗筷或者添水。如果孩子能够坚持做好，父母可以表扬奖励他们，以此来增加他们的动力，培养他们的自制力、责任感、计划能力和执行力。

坚持遵守家庭用餐礼仪

一旦制定了家庭用餐礼仪，父母应该尽可能地遵守。如果父母根据心情随意地改变吃饭时间或菜单，孩子也会养成不好的习惯。因此，父母应该尽量遵守规则。当孩子也遵守规则时，父母应该称赞他们。

遵守和孩子的约定

如果父母做好饭以后，孩子却说想吃炸鸡，父母可以和孩子定好下次一起吃炸鸡的日子，并且要遵守承诺。刚开始孩子虽然会强烈抗拒，但是，如果父母信守诺言，他们会渐渐控制自己的冲动，相信父母。

26 当孩子要求买昂贵的东西时

当父母带孩子去超市时,孩子往往会缠着父母买玩具。因为昨天已经买过玩具了,所以父母说不行。如果孩子能就此放弃,那就皆大欢喜,但是,孩子常常会无理取闹,在地上撒泼打滚,让父母难堪。

虽然孩子无理取闹的程度会有差异,但是,每位父母都会有类似的经历。面对这样的孩子,父母的心情很复杂。到底应不应该给孩子买?如果买了,孩子下次还要买怎么办?

随着孩子渐渐长大,他们的欲望会越来越多,想要的东西也越来越多,最终超出父母的承受范围。

孩子的需求增加也是孩子正常成长的表现,但是,如果孩子没有控制欲望的自控力,就会产生很多问题。

| **培养孩子控制欲望的能力的必要性**

孩子小的时候,愿望大多非常简单,例如,想要小区文具店或超市里卖的小玩具或小零食,父母轻轻松松就能买给他们。但是,如果孩子想要价值超百万韩元(100万韩元相当于人民币 5000 元)的玩具、手机或名牌衣服,父母应该怎么办呢?

有的父母因为自己小时候生活贫困,常常感到自卑,所以不希望孩子经历这些,会尽可能地满足孩子的一切需求。但是,这样培养出来的孩子会缺乏必要的自控力。他们对昂贵的玩具、数码设备、名牌服装很感兴趣,如果没有钱,他们很可能会通过借钱或偷东西等不当方式来得到。

还有的父母认为应该教孩子学会忍耐,所以即便 1000 韩元(韩国纸币的最小面值,约合人民币 5 元)的去向,也要一一过问。如果孩子随心所欲地花钱,便会毫不留情地批评他们。这样的孩子会变得没有主见,即使是自己能够轻而易举决定的事,也会一一询问父母。

==随着孩子欲望的增加,父母应该培养孩子的自控力。==否则,孩子会面临许多问题。如果真的爱孩子,父母就要培养孩子的自控力，让孩子能够自主控制自己的欲望。

父母的错误做法

满足孩子的一切需求

如果父母满足孩子的一切需求，孩子就不会有缺失感。虽然当下的结果是好的，但是，随着孩子不断长大，就会产生很多问题。即使父母非常有能力，也有无法满足孩子的那一天。没有自控力，孩子终究会面临巨大的困难。

替孩子决定小事

父母不要在小事上控制孩子。孩子需要自控力，而父母则应该给他们机会，让他们自己做决定，并为自己的决定负责。

父母的正确做法

引导孩子管理自己的零花钱

父母可以让孩子从少量的钱开始管理。根据孩子的年龄和家庭情况，孩子零花钱的数额会有所差异，如果父母很难确定合适的零花钱数额，可以根据孩子两周买玩具或零食的花销来计算。例如，如果父母两周为孩子买玩具和零食共支出了 1.4 万韩元（相当于人民币 70 元），那么就可以每天给孩子 1000 韩元（相当于人民币 5 元）的零花钱，让孩子自己决定如何使用。

孩子刚开始可能会兴高采烈地将钱花光。如果孩子对于自己买的小玩具很快就厌倦了，或者坏掉了，那么孩子就会后悔买它。这时，父母可以和孩子谈谈："如果你不买那个玩具，你就能有钱买更好的玩具，对吧？那你下次买玩具的时候，是不是应该仔细想想买什么玩具呢？"通过这样的经历，孩子能够学会有计划地支出，同时忍耐力也会有所提升。

教孩子攒零花钱买贵的东西

有时候，孩子会想要贵的但不一定必需的东西，这时，父母可以让孩子用自己攒的零花钱来买。如果东西太贵，用孩子的零花钱不够，父母也可以让孩子加上过节和生日时得到的红包。有的孩子会慢慢学会再三思考是否要用好不容易攒下来的钱买那个玩具。在这个过程中，孩子节制的能力、比较性价比的能力在快速增强。不仅如此，当孩子用自己攒的钱买自己想要的东西时，会产生巨大的成就感。

适当提高孩子的零花钱

有的孩子不懂得攒钱，每天都会将零花钱花光，即使给他们更多的零花钱也没用。相反，如果孩子能够攒零花钱来买自己想要的东西，父母可以适当地提高零花钱的数额或者改成一周发一次。让孩子管理更多的零花钱，能够更好地培养他们的自控力，帮助他们控制自己的欲望。

27 当孩子偷别人东西时

婴幼儿无法区分自己与他人,因此可能会拿走别人的东西。但是,小学生足以区分自己和他人的东西,知道偷窃的行为是不对的。即便如此,还是会有孩子偷别人的东西。

这是因为孩子缺爱或者感到不安,换句话说,如果孩子内心空虚,就可能去偷窃。有的孩子也会因为自尊心较弱,抱着不会被发现的侥幸心理去偷窃;有的孩子认为用平时正确的方式无法引起父母的注意,所以会通过偷东西来吸引父母的注意;有的孩子会因为抵挡不住诱惑而去偷窃;有的孩子会因为除了偷再没有其他办法,所以选择偷窃。不管什么原因,父母都应该尽快纠正孩子的行为。

父母应该立即介入

有些孩子不仅没有忍耐力，也没有预知自己行为结果的能力，所以他们会冲动地做出偷窃的行为。然而，"小时偷针，大时偷金"并不会在所有孩子身上应验，大部分孩子都会在小时候发生一两次闹剧。但是，==一旦闹剧发生，父母必须及时且彻底地介入，教育他们不能再偷窃，培养孩子的自控力。==

父母的错误做法

因为可怜孩子而容忍孩子

对于孩子因为缺爱或情绪不稳定而偷东西的情况，父母往往会出于歉意或怜悯，想不了了之。但是，这样做孩子会误认为在父母心软的时候偷窃是可以的。因此，即使父母心疼孩子，也必须告诉他们偷窃行为是错误的。

父母的正确做法

立刻让孩子弥补错误

父母在发现孩子偷窃后，应该立刻让孩子物归原主，并赔礼道歉。父母必须让孩子明白，如果以不正当的方式得到东西，最终会令自己陷入困境。只有这样，当孩子再看到想要的东西时，会记住偷窃是不对的，从而克制自己。

引导孩子预测后果

父母可以和孩子谈谈偷东西造成的后果。例如，告诉他们丢东西的人会很伤心，不会愿意和偷东西的孩子一起玩。如果再有人丢东西，可能会冤枉这次偷东西的人。以此来引导孩子预测自己的行为所产生的后果，从而增强他们控制冲动的能力。

树立榜样

比起父母的说教，孩子更容易学习父母的行为。因此，只要不是自己的东西，哪怕是一支铅笔，也要及时还给别人。父母在日常生活中应该践行这样的正确思想，为孩子树立正确的榜样。

教孩子获得想要的东西的正确方法

如果除了偷窃，再想不出其他办法获得自己想要的东西，孩子就很难抵挡诱惑。父母应该告诉孩子正确的方法，例如，让他们攒零花钱买、将想要的东西当作生日礼物或儿童节礼物、以物易物或买二手货等。

培养孩子的自尊心

总是挨骂的孩子自尊心会比较弱，而自尊心会影响孩子的行为。经常获得称赞的孩子会期待再次被称赞，进而做出正确的行为。但是，经常被骂的孩子会认为只要不被发现，做出不好的行为也没关系。由此可见，较强的自尊心可以防止孩子走歪路。因此，父母平时应该多关心、表扬孩子。

28 当孩子容易被人摆布时

容易被朋友摆布的孩子大致有三种类型:第一种,即使对朋友提出的要求不愿意,也会因为害怕朋友不和自己玩,而被摆布,这样的孩子往往自尊心较弱。第二种,不擅长表达自己意见的孩子容易被朋友摆布。特别是独生子女,解决矛盾的能力较弱,虽然说自己不喜欢这样,却是笑着说的,对方就会认为他们并非真的不愿意。第三种,禁不住诱惑的孩子也容易受朋友摆布。做作业时,朋友说要出去玩,他们会跟着出去;朋友说要打游戏,他们会跟着上线,将自己要做的和该做的事情全部抛到脑后。

对于朋友提出的无理要求,无法大大方方地拒绝,看到这样的孩子,父母感到非常郁闷。

具备自控力才能不受他人摆布

孩子还不知道如何控制恐惧和焦虑，也不知道如何正确地提出自己的主张，另外，专注力和抵御诱惑的能力也不强，所以才会受朋友的摆布。因此，只有增强自控力，根据目标调节自己的情绪和行为，孩子才能果敢地坚持自我，坚定地朝自己的目标前进。

父母的错误做法

轻易介入

看到孩子被摆布的样子，父母会因为心疼孩子而直接介入。例如，不让孩子和那个朋友玩，或者直接让班主任调座位。如果孩子的情况十分危险或紧急，父母可能需要这样做。但是，如果问题并非急需解决，父母则应该先从自己的孩子入手，培养他们的自控力，教他们自己摆脱困境。

指责孩子

"你为什么总听他的？""你为什么不能直接说你不喜欢？"父母这样指责孩子没有任何帮助，因为孩子根本不知道应该如何处理。比起指责，父母更应该给予孩子力量，帮助他们自己战胜恐惧。

父母的正确做法

告诉孩子可以直接拒绝

自尊心弱的孩子会担心拒绝对方以后失去对方。对于这样的孩子，父母应该时常表现出对他们的关爱，例如，告诉他们"你已经很棒了"或者"你是一个值得被爱和尊重的孩子"，以此来提高孩子的自尊心，这样，他们在受到不公正待遇时能够果断地抗争。

告诉孩子具体的做法

有很多孩子不擅长表达自己的想法，对于这样的孩子，父母应该告诉他们："当你不喜欢的时候，你可以直接说不喜欢。"同时，还应该教孩子具体的表现方式，例如，和孩子一起站在镜子前，练习拒绝时的表情和语气。

引导孩子抵抗诱惑

如果孩子正朝着目标努力，父母应该给予表扬。例如，表扬他们："你能认真写作业真棒！""为了写作业，智贤叫你你也不出去，表现得真好！"在孩子完成作业后，父母可以让孩子出去玩或者奖励孩子喜欢的零食等。通过父母持续的关心和认可，孩子的冲动调节能力会有所提升，从而能够更好地战胜诱惑。

29 当孩子说脏话时

很多孩子都会说脏话,理由也多种多样。有的是看到别人在说脏话,于是也跟着说;有的是觉得说脏话时,对方的反应很有趣;有的是因为不知道生气时如何正确地表达。如果是小学低年级的孩子,他们可能并不理解说脏话会让对方生气、伤心。但是,有的高年级的孩子明明知道还会故意骂人,这可能是因为他们不想显得软弱或者只是习惯性地骂人。

具备自控力才能文明用语

我们会利用语言来表达自己,通过这些语言,我们可能会得到尊重，也可能会被憎恨或忽视。孩子在学习说话的同时，会逐渐明白话语的影响力。他们会发现，如果使用合适的语言，就能够化解矛盾，获得理解，或者能够说服对方，达成自己的目的。

但是，还不成熟的孩子并不理解话语的影响力，或者即使理解，也无法控制自己。要想对此充分理解并控制自我，孩子需要长期的努力与训练，来培养自控力。

父母的错误做法

对孩子说脏话过度反应

有的父母对于孩子说脏话会表现得过于惊慌。孩子可能只是模仿别人，但是，如果父母大发雷霆，孩子就会变得畏畏缩缩，又或者会因此感到兴奋有趣，从而更经常地说脏话。尤其当父母对孩子的其他行为漠不关心时，孩子会尝试通过说脏话的方式来引起父母的注意。由此可见，比起父母的冷漠，负面反应更能刺激孩子。

责骂孩子

有的父母教育孩子不能说脏话，但是自己会不自觉地骂人。哪怕是一两次，孩子也会模仿父母，从而养成说脏话的习惯。要想孩子文明用语，父母首先要注意自己的用语。

父母的正确做法

告诉孩子说脏话不好

如果孩子说脏话,父母不要慌张,应该冷静地和孩子谈谈,告诉他们这样会冒犯对方,他们也会因为没有礼貌而被大家轻视。父母还可以斥责他们,并让他们向对方道歉,这样,他们能够明白说脏话会受到惩罚。

教孩子正确表达情绪的方法

如果孩子因为愤怒而说脏话,父母应该引导孩子控制情绪。例如,一边说着"你是不是感到生气?",一边帮孩子分析原因,并告诉孩子正确的表达方式,比如"我生气了"或者"我不喜欢"之类的话。父母应该让孩子明白,即使是否定的话也比脏话好,比起说脏话或者压抑自己的负面情绪,自然地用语言表达自己的情绪会更好。

检查孩子的情绪状态

孩子说脏话的背后可能隐藏着非常严重的情绪问题。父母应该注意孩子是否有情绪调节障碍或者暴力倾向。孩子如果有情绪调节障碍或者暴力倾向,会经常说脏话。如果父母认为孩子处于危险状态,建议咨询相关专家。

30 当孩子沉迷于游戏时

沉迷于游戏的孩子，会将应该做的事情抛到脑后，即使父母规定好玩游戏的时间，他们也不会遵守。长时间坐着玩电脑或手机，脊柱就会弯曲，对生长发育有不良影响。另外，孩子学习或者进行课外活动的时间也会变少。

孩子过分投入游戏，就会失去现实感。对于孩子来说，在游戏中遇到的人并不是现实中的人，所以他们更容易放肆地对游戏中遇到的人表现出攻击性。另外，为了买游戏道具，他们还会向朋友借钱，数额大多超过他们的偿还能力。

控制孩子玩游戏的关键是找到现实中的乐趣

孩子的忍耐力较弱，他们很难抵御诱惑，所以很快就会迷上游戏。在玩游戏的过程中，游戏人物会按照孩子的指令移动和攻击，孩子就像一切的主宰者。如果孩子玩得好，立即就会得到奖励，这会刺激他们的胜负欲和征服欲。而现实生活的平淡，是无法与游戏带来的乐趣相比的。

自控力越弱，孩子在现实中越难获得成就感和快乐感，就越容易沉迷于游戏瘾。父母单纯培养孩子对游戏的自制力很难让孩子彻底摆脱游戏。如果想让孩子摆脱游戏瘾，就必须培养他们的自尊心与自信心，让他们在现实中获得更多乐趣和成就感。

父母的错误做法

打击孩子的自尊心

在现实中越是感到无聊、压抑、卑微，孩子就越想用游戏来排解。如果父母简单粗暴地责备孩子玩游戏，他们的自尊心会变弱，更加沉迷于游戏。要想让孩子摆脱游戏瘾，父母应该帮助孩子在现实中找到乐趣。

父母沉迷于游戏

有的父母教育孩子不能沉迷于游戏，自己却乐在其中。这样不仅会带坏孩子，还会减少与孩子相处的时间。孩子由于缺少父母的爱护与关注，会更加沉迷于游戏世界。

父母的正确做法

制定具体的规则

每次看到孩子玩游戏，父母就会说："别再玩游戏了。"这样的制止没有多大效果。父母可以和孩子一起制定玩游戏的具体规则。例如，写完作业后可以玩 1 小时游戏，或者在周末可以玩 2 小时游戏；超过规定的时间后，每 2 分钟父母会提醒 1 次，最晚在第三次时停止。如果孩子不遵守规则，父母可以通过关闭扬声器或拔掉耳机等方式进行干预，因为关闭游戏声音有助于让沉浸在游戏世界中的孩子回到现实中。

制定好规则后，父母和孩子就应该严格执行。执行规则时，父母不能感情用事，只需要按照规则提醒或干预孩子即可。

帮助孩子回归现实

孩子打完游戏以后，父母可以带孩子做一些简单的体操动作，帮助他们寻找现实感。另外，父母还可以和孩子谈论玩的游戏、接下来该做的事情，从而帮助孩子回到现实中。

让孩子保持现实感

孩子独自在封闭的空间中玩游戏会更难回到现实中。因此，当孩子在自己房间玩游戏时，父母可以打开房门，或者让他们在客厅、在父母的身边玩游戏。

让孩子在现实中获得快乐

为了避免孩子沉迷于网络游戏，父母可以和孩子进行各种各样的活动和游戏。例如，一起去超市购物，或者去公园玩。这样能够让孩子在与家人的相处过程中获得乐趣。另外，父母还应该多多关注孩子，及时给予表扬和鼓励。孩子在现实中越能获得乐趣，他们平衡游戏与现实的能力就越强。

注意孩子是否有网瘾

孩子沉迷于游戏，可能不仅仅是过度享受游戏世界，而是有网瘾。网瘾被世界卫生组织（WHO）认定为一种疾病。如果孩子有这种倾向，父母一定要提高警惕，咨询相关专家。

WHO 提出的网瘾症状

当孩子出现以下行为时，可能患有网瘾：

- ☐ 玩游戏的自制力下降。
- ☐ 玩游戏成为主要日常活动，因为游戏而忽视其他兴趣与活动。

- [ ] 尽管因为游戏而产生负面结果,仍然会继续玩游戏,甚至玩得更频繁。
- [ ] 已经对个人、家庭、社会、学业、职业或其他方面造成严重影响。
- [ ] 上述行为持续 12 个月以上。

31 当孩子故意说谎时

说谎是孩子成长过程中必然会经历的过程。孩子说的谎大多不合逻辑，很容易就被揭穿，这是因为孩子大多以自我为中心，他们基本上是为了逃避当下的困难，而不经过深思熟虑就说出谎言。孩子基本上不会周密地计划一番再说谎。例如，父母问孩子："做作业了吗？"他们回答："是的。"父母过了一会儿又问："写完作业了吗？"他们就会回答："现在准备开始写了。"

孩子会渐渐学习如何通过语言来调整与他人的关系，因此，他们必须明白什么可以说，什么不可以说，以及什么是善意的谎言，什么是恶意的谎言。父母可以回想一下自己常常会将"没事"挂在嘴边，即使不舒服也会说没事，从而让对方放心。有时也会对年迈的父母说:"今天你的脸色真好!"这样的谎言就是善意的谎言。

然而,有的孩子却总是不分场合直言不讳。例如,在电梯里遇到邻居奶奶,他会脱口而出说"你脸上有好多皱纹啊",让大家感到十分尴尬。

==孩子应该学会根据情况说话,有时可以按自己的想法说,但有时也要照顾对方的感受。==这就要求孩子学会通过语言来表达对对方的关心与信任。

孩子要有控制自己说话的能力

如果用谎言欺骗对方,使对方有损失或陷入困境,这便是恶意的谎言。对方会产生被背叛感,并且对说谎的人失去信任。信任一旦失去,便很难再建立。这种谎言百害而无一利。

要想让孩子不说恶意的谎言,父母应该培养孩子预测结果的能力以及克制自己的能力,这样,孩子才能预测自己所说的话有什么影响,同时克制自己说谎。但是,孩子理解语言的影响力,并且控制自己,避免和忍住不说恶意谎言的能力不是一朝一夕就能产生的,只有父母坚持教导,孩子不断练习,才能培养出这些能力。在这个过程中，孩子在控制说话方面的自控力能够得到发展，同时，他们也会成长为体贴、正直的孩子。

父母的错误做法

因为说谎而训斥孩子

父母常常会教孩子说一些场面话，例如，对孩子说："你不能在公众场合这么说。""别人给你你就收吗？你应该说'不要'才对。"孩子便明白了有时不能直接将心里话说出来。但是，当父母问孩子是否洗手时，如果他们没有多想便回答"洗了"，父母就会大发雷霆。单纯的孩子会认为父母生气是因为发现自己没洗手，并不是因为自己撒谎。因此，他们为了不被发现，下次会准备一个更为完美的谎言。由此可见，父母的训斥并不能引起孩子对说谎行为的反思。

父母说谎

如果父母为了哄孩子或欺骗孩子而说谎，孩子也会学习父母的行为。因此，父母必须遵守和孩子的约定，在孩子面前要特别用心，树立诚实、正直的榜样。

父母的正确做法

对付孩子说谎的具体方法

孩子遇到难以解决的问题时，会为了逃避而说谎。如果孩子因为恐惧、不安或者痛苦而说谎，父母应该先安抚孩子。例如，说："原来你是因为想玩才说谎啊。""原来你是因为怕挨骂才说谎啊。"在孩子将想法说出来以后，父母再表达自己的担心，例如，说："爸爸妈妈害怕你会变成骗子。"

然后，父母需要找到孩子最初想逃避的，或者感到焦虑的问题。如果父母只关注孩子说谎，而忽略根本问题，孩子下次也会因为同样的问题而说谎。父母需要让孩子明白，他们无法通过谎言得到任何东西。因此，父母应该将重点放在根本问题上，不论孩子是因为不想洗手，还是因为不想写作业，父母都应该和孩子好好聊聊。

告诉孩子善意的谎言与恶意的谎言的区别

父母可以让孩子思考一下，为了体贴对方而说出的善意的谎言和为了欺骗对方、谋取利益或避免危机而说出的恶意谎言的区别。父母可以问孩子："如果对方知道你骗他们，他们的心情会怎样呢？"用这种方式让孩子产生共鸣，从而帮助他们区分善意的与恶意的谎言，使他们意识到恶意的谎言会给对方带来伤害。

32 当孩子受到霸凌时

孩子不太能接受与自己不同的人。产生霸凌现象的原因有很多,有的是因为孩子的长相或性格与众不同,有的是因为喜欢或讨厌的东西与众不同,再加上孩子对于是非对错的判断能力不成熟,无法区分告状和举报。因此,即使受到排挤、语言暴力,甚至身体上的暴力,他们很可能意识不到这是不公正的行为。不仅如此,他们也不知道对排挤行为视而不见也是错误的行为。如果孩子有情绪调节障碍或语言表达障碍,他们更容易受到霸凌。

具备自控力才能摆脱霸凌

无论是霸凌他人的孩子,还是被霸凌的孩子,他们的思想都还不成熟。父母应该教孩子如何控制和表达自己的情绪,如何包容与自己不同的孩子,如何判断是非对错,如何应对不公正的事情。父母还应该教育孩子,即使对朋友不满意,也要宽容地接纳对方,正确地表达自己,以化解和朋友间的矛盾。要想让孩子与他人和睦相处,父母应该培养他们的自控力,尤其是受到霸凌的孩子,父母更应该培养他们调节和表达情绪的能力,以摆脱霸凌。

父母的错误做法

忽视、敷衍孩子

当孩子说因为与朋友闹矛盾而感到痛苦时,有的父母会以"小孩子就是在打闹中长大的"或"因为是孩子,所以会比较淘气"来敷衍孩子。孩子会因此而感到沮丧,认为自己没人疼爱,自尊心也会大大减弱,以后即使再痛苦也不会轻易寻求父母的安慰与帮助。

草率地给出建议

有的父母会草率地给出建议,例如,"不喜欢就说不喜欢"或者"别的孩子打你,那你也打回去不就行了"。

孩子并非是因为不知道这些做法才被霸凌的，他们很有可能明知道该如何做却无法实施，或者不知道如何正确地处理。父母草率的建议是没有多大作用的。

指责孩子

有的父母会说："你为什么要挨别人打？""为什么不说你不喜欢？""肯定是你做得不对，所以大家都不喜欢你。"父母不要这样指责孩子。他们也不喜欢被打，不喜欢被排挤。如果父母责备他们，只会让他们更加痛苦。

冲动地介入

如果孩子受到霸凌，有的父母会因为愤怒而冲动地到学校向班主任抗议，或者直接问责施加霸凌的孩子或其父母。这会让孩子被认为是告密者，从而受到更大的伤害。使孩子摆脱霸凌的关键是培养孩子的自控力，使他们有能力抵抗霸凌，这样，才能避免霸凌的再次发生。

父母的正确做法

倾听并理解孩子的想法

父母应该仔细倾听孩子感到痛苦的事情，并站在孩子的角度理解他们，例如，对孩子说："你一定很辛苦吧。"这样，孩子才能感受到父母对自己的尊重与关注，从而提升自尊心，获得战胜霸凌的勇气。

了解孩子的情况

父母应该了解孩子的痛苦、孩子被霸凌的原因、是如何被霸凌的、霸凌孩子的是谁，是否有同流合污或袖手旁观的孩子，等等。另外，父母还应留意孩子是否有被他人霸凌的由头，比如容易激动、刻薄或咄咄逼人，又或者无视其他孩子，固执地坚持己见。父母要认真倾听孩子的话，必要时也可以从班主任、其他孩子和其他父母那里获取信息。

如果情况严重，父母应该立即处理

如果施加霸凌的孩子有严重的攻击性或者自家孩子压力巨大，父母应该立即处理，例如，向班主任求助，或者直接找到那个孩子的父母。

为孩子创造与他人交往的机会

父母可以邀请其他孩子到家里做客，或者让孩子们在游乐场一起玩，从而为孩子创造与他人交往的机会。通过观察孩子的行为，父母可以发现孩子自身容易被霸凌的原因。另外，针对孩子的不足，父母也可以直接教孩子与人交往的正确方法。

告诉孩子对抗霸凌的具体方法

父母在掌握具体情况以后，应该教孩子应对的方法。反应过度的孩子很容易成为被霸凌者，因此，父母可以教孩子不要惧怕霸凌者，并且让孩子学会控制情绪，克制冲动与反击行为，坦然应对。同时，父母还应该告诉孩子向老师求助的方法，并且让他们明白向老师求助并不是打小报告，而是对同学的不良行为进行举报。

自控力的培养方法

孩子因为有许多不知道的东西,因此会常常犯很多错误。如果因为孩子犯错,父母就狠狠地打骂孩子,那么孩子的自控力就得不到发展。因此,父母应该将孩子犯错看作培养他们自控力的机会。接下来让我们一起看一下培养孩子自控力的方法。

父母的错误做法

感情用事

如果父母情绪激动,很有可能对孩子进行过于严厉的批评或体罚。这不仅会妨碍孩子自控力的发展,还会伤害孩子的自尊心,使孩子感到委屈。因此,要想提升孩子的自控力,父母要控制好自己的情绪。

贬低孩子

自控力发展的动力主要来源于孩子的自尊心。有的父母在生气时会说:"你为什么要这样?""你怎么总是这样?"这些话会严重打击孩子的自尊心。正确的教育方法可以提升孩子的自尊心，激励孩子进行自我调节。相反，如果父母贬低孩子，孩子就会丧失变得更好的斗志。

教育方法一成不变

当孩子犯错时，有的父母只会说："你总是这样。"这样对孩子的错误泛泛而谈，或者将过去犯的错一一罗列，重复同样的话来教育孩子，孩子就会感到困惑，不知道应该改正什么。以后想起来，他们也只记得挨了训，并不知道挨训的原因以及自己需要改正的错误。因此，父母在教育孩子时，应该将重点放在孩子当下的错误行为上。

长篇大论

孩子的注意力比成年人弱。如果父母教育孩子的时间过长，教育效果就会降低。父母可以在平时和孩子谈论需要改正的行为、原因以及方法。等到孩子犯错时，父母说话要尽量简洁一些

"你刚刚说你要吃完早饭再刷牙，但现在爸爸妈妈已经提醒你3次了，你还没去。所以，按照约定，你一会儿不能看电视了。"父母可以用这种简洁的方式教育孩子要遵守约定。如果为了说服孩子而长篇大论，孩子就会认为还有妥协的余地，从而更加倔强。最终会导致父母和孩子情绪激动，伤害彼此的感情，教育的初衷也会改变。

认为孩子一次就能改正

成年人也会有摇摆不定的时候，即使下定决心改正也可能还会犯错，更何况孩子的自控力不是一朝一夕就能养成的，孩子也会重复地犯错。但是，这并不证明父母的教育没有效果。只要父母能够坚持不懈地反复教育孩子，他们会慢慢改变，养成良好的习惯。

体罚孩子

父母教育孩子时，如果体罚他们则会适得其反。特别是父母在生气时，体罚孩子可能会变成残酷的虐待。不仅如此，孩子还会学习父母的行为，认为可以使用暴力，从而变得更具有攻击性。

父母的正确做法

与孩子共同制定教育方法

孩子会无数次犯错，如果父母每次都责骂他们，他们只会日渐消沉。反复地唠叨与指责会大大降低教育效果。

父母在确定需要改正的行为之前，应该充分听取孩子的意见，并与孩子谈论一下需要改正的原因。另外，父母还应该和孩子一起确定好奖罚的标准。

制定具体的标准

如果父母将标准定为孩子不能不听话或者行为不好，那么教育效果会大打折扣。标准模糊不清，孩子在受到批评教育以后只会觉得委屈和不服。因此，父母应该制定具体的标准，例如，"早餐后刷牙"或者"父母提醒3次之前刷牙"。

教育要及时

孩子一周前犯的错，父母今天才教育他们是错误的。对于父母来说，可能是忍无可忍怒火才在今天爆发。但是，从孩子的角度来看，一周前的事情他们已经记不清了。因此，父母的教育应该及时。

前后一致

如果父母根据自己的心情或状态，随意更改教育标准，孩子就会感到混乱。昨天还可以做的事情，今天做了就要挨骂，孩子就会感到委屈和不服，从而丧失培养自控力的积极性。因此，父母教育孩子时，应该保持前后一致。

培养孩子思考的能力

教育的目的不是教训孩子，而是培养孩子的自控力。"不能这样做"和"你为什么要这样"等笼统的指责无法培养孩子的自控力。父母应该帮助孩子充分理解自己被批评，以及改正错误行为的原因。父母与其简单地命令孩子不要做，不如告诉孩子应该怎么做，并且，父母还要和孩子共同探讨为什么要这么做，从而培养孩子思考的能力。思考的能力越强，孩子的自控力就越强。